正しい腸内フローラガイド

# ネコとウサギとヒトとフローラ

森下 芳行

東京図書出版

目次

# 赤い細菌と青い細菌が嘆く

腸内には赤い細菌と青い細菌が住み着いている。

赤、青と言えば、サッカー通はすぐに反応するだろうが、ここでは腸内細菌の雄姿のことである。

赤と青はそれぞれ活動し、相互に助け合い、ときには反目しながら、私たちが知らないうちに体にさまざまな影響を及ぼしている。眠らずに働いているのである。何しろ、腸内フローラは宿主の人間様に依存しているので、それも当然である。寄生者として宿主のヒトあるいは動物に役立つのが当然の実体なのである。

赤い細菌、青い細菌は善玉菌、悪玉菌ということではない。

赤い細菌、青い細菌についてはいずれ明らかにするが、善玉、悪玉は邪悪なえこひいきの論理と言ってもよい。

今、誤解が正論のように、いわゆる偽情報が横行しているように思われてならない。

私は大学院の時から、フローラの研究をしてきた。その後も、実験を数々行ってきた。海外の文献もたくさん、丹念に読んできた。

それらを照らし合わせると、首をかしげることがしばしばなのである。今一度、私の考えをペンをとって明らかにしていかなければならなくなったのである。

いずれにしても、ヒトの社会は、数々の色分けで、抹殺が行われてきたように思う。それだけではなく、今も継続している。悲しいことだ。だが、細菌の世界は、そのような社会ではないのである。

昔から、勧善懲悪が人間社会には横行してきた。今も続いているのだ。すさまじいと言っても言い過ぎではない状況にあると思う。

だが、腸内の細菌たちを悪玉、善玉に色分けするなど……。ここで、くどいようであるが、かつて行ってきた実験事実を含め、文献も考察しながら、納得いくように実体を明らかにしないわけにはいかないという心境になったのである。

腸内の細菌たち、フローラに「お馬鹿さん」と言われないように、また嘆かれないように……。

# 腸内細菌たちは食事をえり好みする

やっかいなのは、フローラ構成の腸内細菌たちは食事にえり好みが多いということだ。受け身の立場でありながらも、我がままと言ってもいい。

表題に『ネコとウサギとヒトとフローラ』としたのも、宿主の動物それぞれの食事内容を暗示しているつもりである。

つまり、肉食性、草食性、雑食性ということである。そうすると、当然のように腸内細菌たちの生態に影響する。フローラの構成が違ってくるのである。

ネコの腸内フローラ、イヌとかフェレットとか、肉食動物の大腸では、一部の専門家が悪玉菌と称しているウエルシュ菌が優勢になっている。ウエルシュ菌は肉成分の何かが大好きなのであろう。

イギリスのスミスという研究者がラットに肉成分が多い餌を与えたときにも、ウエルシュ菌が増加することが証明されている。肉食とウエルシュ菌の間には密接に関係があるのは明らかである。ウエルシュ菌は肉が好みのようだ。

肉食獣は敏捷に運動する。獲物を捕らえるために瞬間のスピードが欠かせない。体形もぜい肉は禁物で、スリムであるのが普通な点が、それを示している。見るからにすばしこそうである。

わが家の庭に遊びに来るキジバトを野良ネコがねらうことがある。滅多にキジバトは捕まらないが、ネコは私に刃向かうにっくき獣なのだ。ネコ好きを敵に回すつもりはないのだが……。

話し遅れたが、ウエルシュ菌以外の大腸菌、腸球菌が多いのも肉食獣の特徴である。肉食獣は異常なのであろうか？　否、と申し上げたい。

食事内容が関係しているのであろう。

# 糖質は太るから肉食なの？

糖質は太るとか言って、敬遠した方がよいというご時世である。

だが、肉食はスリムになるかというと、それは疑問に思う。偏食が原因では？ と思うからだ。少年時代、ご飯をお代わりしていたが、肥満には縁遠い体形であった。

世間ではよく知られていることかもしれないが、先の昭和39年の東京オリンピックまでは、コメのごはんがたくさん食べられていた。今ではコメの消費量は当時の3分の1くらいに落ち込んでいるのが現状である。だが、甘いものは増えている。

友人の一人が札幌で暮らしているが、この間久しぶりに会ったときにスリムになっていたので、わけをたずねると、肉ばっかり食べているという。糖質は肥満につながるというはやりの学説を信奉しているそうだ。

「腹いっぱい食べても、そうか」と聞くと、そうだという。少々驚いたが、偏食すると、あり得ると思う。今度会うことがあったら、「ご飯とみそ汁と、たくあんの食生活をしてみたら」と催促してみたいと思っている。

彼のフローラを調べれば、多分、ウエルシュ菌が増加しているのだろうと推測している。

肉食獣はビフィズス菌が少ないのも特徴である。

先に触れたが、イギリスの学者二人が行った実験で、ラットに肉75%、脂肪25%の餌を与えたところ、大腸菌、腸球菌、ウエルシュ菌の増加や乳酸桿菌の減少が認められている。

食事の内容や成分がフローラに影響する証拠の一つである。あとで触れるが、私が行った実験で、たんぱく質の種類によって、顕著な違いが生まれることも明らかである。

# 娘の糞便を調べる

娘の糞便を生後2カ月ころだが、調べたことがある。人工乳を与えていた時である。少し驚きだった。

ウエルシュ菌が非常に多かったのである。ウエルシュ菌は悪者だといわれる嫌気性細菌の一つである。

誰でもそうであるが、ビフィズス菌も多く、ウエルシュ菌に負けていない。人工乳は、肉食ではなくて、粉乳だったり、牛乳だったりする。

人工乳栄養ではウエルシュ菌が多いのが普通といっても、娘はビフィズス菌も多くて、肉食獣のネコとは異なり不思議な現象ではない。つまり人工乳栄養の新生児にウエルシュ菌が多いということは変なことではなくて乳児には一般的なことである。ビフィズス菌製品の新聞広告で見かけるフローラ推移のグラフは、かなり作られたものであるように思う。また歳を取ると、ウエルシュ菌が増えるというのである。確かにそうではあるが、人工乳の乳児でもウエルシュ菌が多いのである。

ウエルシュ菌が多いのは人工乳や牛乳には乳糖が多く、ウエルシュ菌は乳糖が好きだからでもある。また、ウエルシュ菌はビフィズス菌と異なって、二酸化炭素ガスを作るのが特徴である。

娘の大便の状態は普通の硬さ、色は黄色っぽい。けっして健康を損ねているとは思われなかった。普通に健康的であり、元気な子供であった。

体重制限があるボクサーのようなスポーツ選手は甘いものやデンプン類を極力制限するようである。調べたことはないが、こういう人たち、つまりスポーツ選手はフローラの面から検討してみると、面白い成果が出るかもしれないと考えている。

スポーツ選手の身体検査では腸内のフローラの影響、その産物の影響はほとんど顧みられていないように思う。肉食でウエルシュ菌が増加してきて、腸の健康を守ってくれることもある。ウエルシュ菌は腸内でさかんに酪酸を生成するからである。酪酸には抗菌性と抗がん性があることがわかっている。これらについてはのちほど、改めて述べるつもりである。

# 腸内の赤い細菌、青い細菌

このあたりで、赤い細菌、青い細菌について触れておこう。

サッカー通ならば、赤か青か、とくれば、すぐプレミアリーグを思い浮かべるだろう。熱狂するダービーマッチ、赤のリバプール、青のエバートンを。

ところで、腸内細菌も、赤か青と一般的には分けられる。大腸菌は赤い細菌。腸球菌、ビフィズス菌、ウエルシュ菌は青い細菌である。

これは技術的な事象で、細菌学の基本的な技術に基づく現象である。

腸の糞便をある程度薄めて、スライドガラス上に塗抹する。それをある特殊な技法で染色すると、赤く染まる細菌と、青く染まる細菌が顕微鏡で見られる。

一般のヒトには特殊だが、細菌学者には初歩中の初歩の技術で、しかも不可欠の技術である。細菌検査の基本である。グラム染色法といって、クリスタルバイオレットとサフラニンで細菌を染めると、青く、または、赤く染色されるのである。

実際、経験者なら納得できるが、この技術で腸内の世界がはっきり蘇るのだ。

赤い細菌の重要なものを挙げておく。大腸菌がその一つであることは前述したが、腸内のもっとも重要な細菌であり、大人の腸内に量的にもっとも優勢に生息しているバクテロイデスも赤い細菌である。動物においても欠かせない細菌である。

この嫌気性細菌は毒素を作らないし、悪者どころか重要な、大切な嫌気性細菌である。ウシのルーメンやウサギの盲腸にたくさんいて、繊維素を消化する細菌もその仲間に含まれる。

ちなみに、病原菌のサルモネラ、赤痢菌も赤い細菌の仲間である。

青い細菌には、たくさんの種類が含まれる。よく知られているビフィズス菌は青い細菌である。乳酸桿菌も青い細菌である。また、ヒトにおいてもっとも重要な嫌気性細菌の一つ、ユーバクテリウムも青い腸の細菌であり、クロストリジウムも青い細菌である。ウエルシュ菌はクロストリジウムの仲間であるが、その他に重要な種類が含まれている。後で触れるＣＲＢもその仲間である。

# ネコはキジバトを襲う

ネコの腸内では、悪玉といわれるウエルシュ菌、大腸菌、腸球菌が支配的である点はすでに触れた。これで正常なのである。

また、ネコの腸内にはビフィズス菌はいない。犬もそうだ。ネコはペットとして犬を抜いて、今では一番人気となってきている。ネコ歩きとかいって、人気を集めているようだ。

だが、裏もある。わが家の庭に遊びに来るキジバトをネコが襲うのである。キジバトがなんだと言われるかもしれないが……。

ウサギと対比してみる。ハトに攻撃を仕掛けるには敏捷さが必要であろう。その点はボクサーのような俊敏さが必要だ。ボクサーは日本食ではタイトルは取れないと、トレーナーは言っている。日本食ではウサギのようにやさしくなるのである。

ウサギは草食でおっとりしている。キジバトを襲いたくはないのである。とっくに自身の敏捷さが欠乏していることを心得ているのだ。

それどころか、キジバト同様に、ウサギも肉食獣が天敵である。ネコが肉食動物で、キジバトを襲うのは当然で、ほめるべきことかもしれない。しかし少なくともハトの味方ならネコに媚びを売ることはしない。

とにかく、ネコの腸内フローラは独特である。この点と敏捷さの関係は研究の余地がありそうで、これからの課題と思われる。

## ウサギはやさしい

繰り返しになるが、ネコと反対に、ウサギは草食動物である。やさしさと草食はつながりがありそうだ。ウシ、ウマを見ても襲われる気がしない。噛みつくウマもいるが、これは襲うのとは違う。

そもそも、草食だと、腸の大きさも違う。ウサギは大きな盲腸を持っている。結腸も大きい。そしてウサギは盲腸便を食べる習性を持っている。

盲腸便は栄養豊富で、細菌たちが作り出したビタミン類がたくさんあるのだ。

ウサギのフローラは特徴的である。腸内には赤い細菌のバクテロイデスばかりである。そして、やはり赤い細菌の嫌気性細菌のコンマ菌（わん曲菌）が非常に多い。

とにかく極端である。大腸菌も、乳酸桿菌も、腸球菌も、もちろんビフィズス菌もいない。草を食べて生きられるのだから、想像できなくはないが……。

食べた植物の食物繊維を分解することで、エネルギーを獲得しているのである。バクテロイデスやコンマ菌が食物繊維を消化してくれるのだ。

生き物は栄養物を食べて生きている。当然だ。それも動物種の違いによって、食べ物が異なる。食べ物の違いはフローラの違いに現れる。

動物の運動能力とフローラにどのような関係があるのかは、これからの課題で期待している。

細菌たちは物質を分解して、生理活性物質を生産している。その中には神経伝達物質もある。運動神経にも影響するということが当然考えられるのである。

## ヒトはどうなのか？

ヒトはというと、私を含め、複雑な食行動をとる動物である。

ヒトは、ウサギもネコも愛玩しているが、ヒトは特別で、見かけだけでなく、食生活からしても雑食動物である。菜食主義にこだわるヒトもいるが、ヒトは概して、雑食動物だ。

たんぱく質主体の食事を重視するスポーツ選手。肉食動物のようでもある。そういうヒトは70％くらいのたんぱく質を摂るようである。

自転車競技者やボクサーとかの選手、またボディビルダーもそうらしい。エネルギーとしては必要だが、糖質は極力抑えるようにしている。日本食を食べていては、ボクシングに勝てはしないって、と言われているくらいである。

菜食主義者のフローラを調べた研究者がいる。

それによると、菜食では肉食と当然フローラに違いがある。菜食では肉食で増えるウエルシュ菌が減少するとデータは示している。腸球菌も減少する。

食生活の相違は、フローラが腸の中に住んでいるのだから、当然、宿主の食べ物の消化吸収の残りかすを利用するフローラの構成に違いが生まれるのである。

当然、生成物質も違ってくる。ヒトは自分勝手なフローラをもち、機能してもらっているのだ。

結腸がんに関係していることも、食べ物の質、量の違いから派生する出来事である。

その点については後ほど触れたいと思っている。

# 赤ちゃんのフローラ

娘のフローラを調べたことがあると、先ほど触れた。

乳児では、母乳か人工乳かで、結構な違いが生まれることがわかっている。母乳を摂取する赤ちゃんの場合は、前項で示したような菜食か、肉食か、というような理屈は通じないのだ。

例えば、ウサギの母乳には特殊な脂肪成分が含まれていて、フローラに影響するとわかっている。胃の中で変化して抗菌性が強化される。また、胃酸も強く、ウサギの胃の中は無菌に近い状態である。

ネコについては知識がなく、はっきりしないが、赤ちゃんの健康を守るために何らかの免疫の仕組みができていると考えて間違いないだろう。生まれた子供が育たないのでは、種族は継続しないことになる。

ヒトの赤ちゃんでは、母乳に脂肪酸、その他抗菌性物質が含まれ、抗体もあり、なんといってもオリゴ糖があって、ビフィズス菌の増殖を促進する。

ところで、胎便って知っているだろうか？　聞いたことがあるヒトもいるだろう。胎便は、赤ちゃんが生まれて、最初に出る便のことである。お母さんのおなかの中の羊水に浮かんでいるときには、胎児は無菌状態である。

したがって、胎便も無菌のはずと考えられる。それが正解といってよい。

ところが、そう簡単にはいかないのである。

赤ちゃんが生まれてくるとき、特に自然分娩のとき、たくさんの細菌がいる産道を通ってくる。

赤ちゃんが人間社会に迎えられるときに、口から細菌が入ってくる。

大腸菌、腸球菌のような細菌は増殖速度が非常に速い。20分に一度分裂するほどである。

そのうえ、細菌の側から見ると、赤ちゃんの腸は無菌状態の新天地である。邪魔者がいなくて、のびのびと増殖できるのだ。当然だ。

したがって、最初の便、胎便が排出されるときには細菌がいてもおかしくないのである。

生後すぐに大腸菌と腸球菌が最初に検出されるだけでなく、1日もあれば、トップの菌数に達するのである。生後1日では、ビフィズス菌もいないのがふつうである。つまり、大腸菌や腸球菌よりもビフィズス菌は遅れて住み着くのである。ビフィズス菌は嫌気性細菌の一種である。空気中の酸素に弱いのである。そのためすぐにはビフィズス菌は住み着けないのだ。異常ではない。それでも、ほどなく住み着いて赤ちゃんを守ってくれると評価すべきである。後で、そのことにも触れる。

# 乳糖――乳糖不耐症

ところで、大腸菌や腸球菌は好気性細菌で、好気性細菌は酸素を消費してくれる。そのうえ、これらの細菌は乳糖が大好きである。ヒトでも動物でも、赤ちゃんは乳を飲んで生活する。これには理由があるのだろう。

例えば、病原菌である赤痢菌やサルモネラは乳糖を利用しない。これだけでも、乳を赤ちゃんが摂取するのには大きな理由になる。

酪農国の欧米に比べて、日本では牛乳の摂取が離乳後早々に控えられる。乳糖は小腸の粘膜表面にある乳糖消化酵素によって、ブドウ糖とガラクトースに分解されて吸収される。

大人が牛乳を飲むとおなかがゴロゴロいったり下痢の傾向を示すというように聞く。乳糖分解酵素が少なくて、腸内細菌によって利用されて起こされる現象と考えられる。特に、ガスができたりする。ウエルシュ菌や大腸菌は乳糖をよく利用する。そして、二酸化炭素をたくさん作り出す。これがゴロゴロの理由である。
腸球菌とビフィズス菌も乳糖をよく利用するが、ガスを生成しない。乳酸桿菌はガスを作り出す種類と作り出さない種類がある。ビフィズス菌は赤ちゃんに最初に住み着く嫌気性細菌で、乳酸と酢酸を生成して大腸のペーハーを下げる。そして病原菌の感染を防ぐ働きを示すのである。

特に、母乳栄養では特筆すべき働きを示す。その理由として、母乳は緩衝力が弱い点にあると考えられている。糞便のペーハーを調べると歴然である。母乳栄養の新生児では顕著に低いのだ。病原菌の腸内感染を守ってくれるのだ。ビフィズス菌の存在によって、人類は進化の流れに乗れたのだろうとすら考えている。

## 自然の分娩で生まれる赤ちゃんでも

腸内細菌が定着するには順番があると先に述べた。

新生児は、昔のように家庭において自然分娩で生まれるとき、お母さんの糞便で汚染されようとも、大人のフローラがすぐに住み着いたりしないのである。順番があるのだ。

大腸菌と腸球菌のような好気性細菌が最初に住み着いて、そのあとで、ビフィズス菌が住み着くのである。

ビフィズス菌は嫌気性細菌のうちでは比較的に、酸素に鈍感なところがある。

ところが、外国の最新のデータでは、大腸菌がいない新生児がたくさんいるようである。なぜそういうことになったのだろうか？

きっと衛生管理が行き届いた施設で生まれてくるのであろう。しかも、糞尿に汚染されないように衛生管理されて……。

## 自然の分娩で生まれる赤ちゃんでも

人類進化の過程を考慮すると、驚くべき異常な実態のように思われる。石器時代には、人類はトイレを持っていなかったのであろう。それが自然なのである。ところが、水洗便所が普及してきて、不潔、不浄を嫌う気持ちがますます募ってきた。このような環境にあって腸内フローラの健全な形成を願うのは欲張りであろうか？

おなかの調子が悪くて、現代医学をもってしても、どうしてもしつこい不調の子供に対して健全な成人の糞を与えるということも行われる事態も生まれている。

かつて、困りはてたお母さんからメールが来たことがある。藁をもつかむ気持ちだったのであろう。聞いてみると、おなかの不具合を治めるために、抗菌製剤が与えられているということであった。

私は医者ではないが、「それはやめて、乳酸菌飲料がよいだろう」と話し、「フローラを調べてもらったらよい」と示唆したことがあった。後述することになるが、抗生物質投与は肝心かなめの嫌気性細菌まで叩いてしまう恐れがあるからである。

話は変わるが、日本の産院の赤ちゃんのビフィズス菌の種類を調べたデータを見ると、同じタイプになるという。つまり、腸内フローラの形成において、院内感染という状況があるのだ。

かつての家庭分娩と比べると、産院分娩は大きな違いがあるのだ。「それがどうだというのか」と問われると、一言では応えられないが、細菌は単に腸内にいるという存在ではなくて、腸粘膜の受容体を介して信号を発しているのである。

清潔が健康づくりに役立つのか、アレルギー問題にフローラ形成が関与しているのか、気がかりである。このような点が解明されるのを願っている。

## ラットの場合も細菌の定着に順番がある

私はラットの新生時から100週齢まで、フローラを追っかけ調べたことがある。これについては専門誌に発表しているが、好気性細菌の大腸菌、腸球菌、乳酸桿菌は生後すぐに定着してくる。まず、大腸菌、腸球菌の菌数がトップになる。10の10乗個(グラム当たり)。その菌数が3週齢になると、一挙に減少して、10の6乗程度に、つまり1万分の1ほどになる。

私はこの点、つまり急激な減少がなぜ起きるのかという原因の究明に取りつかれて、研究を重ねてきたことがある。

細菌の増殖は、その環境の水分濃度(水分活性ともいう)に影響される。ラット、マウスの盲腸を観察すると、盲腸内容が粘度を増してくるにしたがい、大腸菌や腸球菌は減少してくる。

嫌気性細菌の定着がそれをもたらすのは、盲腸内容を顕微鏡で観察すると、よくわかる。

特に紡錘状の細菌（青い細菌）がわんさと存在している。これらの細菌はフジホームスと呼ばれる嫌気性細菌である。盲腸の水分含量とフジホームスが関係していることは明瞭である。この種の細菌は培養がむずかしい。

フローラの変化をもう少し追うとする。ラットの赤ちゃんは生後10日くらいになると目が開くようになって、親がかじり落とした餌を食べるようになる。

それにつれて、次第にバクテロイデス、ユーバクテリウムなどの嫌気性細菌が住み着いて、生後3週を過ぎると、フジホームスも定着してくる。そうなると、盲腸の粘度はおとなと同じ状態になるのである。

フジホームスは培養がむずかしい嫌気性細菌だが、理化学研究所にいるときにプレート・イン・ボトル法という培養法を開発して、培養できるようになったことを付け加えておく。後述するが、ＣＲＢの中心細菌である。

# ひき肉の乳酸桿菌

話がそれるが、食品は外界のいろいろなものによって汚染を受ける。ひき肉も例外ではない。乳酸桿菌専用の培地を用いて、25度と37度で培養して調べてみた。その結果、ヒトの腸由来と思われる乳酸桿菌が高率に検出されたのである。

腸由来とする理由は摂氏37度で検出されたうえに、検出された乳酸桿菌は45度でも増殖できた点である。それについては食品衛生学会で発表した。論文にもなり、専門誌に発表されている。とにかく、腸由来の乳酸桿菌は体温程度の温度に適応している。

野菜類にも乳酸菌類がくっついている。それが自然現象なのである。

白菜の浅漬けを買ってきて室温に置いてみてください。しだいに発酵してくる。これらの白菜にくっついている乳酸菌は室温程度で発育するが、体温では普通、発育できないし、45度でも当然発育しない。外界にはたくさんの種類の細菌が生きているが、新生児に定着することはないのが普通である。自然界にいる細菌の多くは常温を好むが、37度は苦手だからである。

例えば、加工製品のソーセージやハムにも乳酸桿菌がいるが、大部分は室温、摂氏25度で発育するものである。これらの乳酸桿菌は37度で、まして45度で発育することは決してない。なお、ひき肉のことを述べたが豚小間切れ肉でも腸由来と考えられる乳酸桿菌が検出されている。

新生児の乳酸桿菌が37度で増殖できるのが当たりまえである。

また、乳酸桿菌は好気性細菌の仲間であるが、少し酸素が少ないという条件が発育には好条件なのである。これは乳酸桿菌に共通の性質である。

ぬかみそでも、表面を手で押し付けている。その方が発酵が盛んになるからだ。乳酸菌には桿菌と球菌がある。また、ガスを出すものと出さないものがあることを言い添えておこう。ひき肉の乳酸桿菌は当然、腸由来と考える。もちろん、危険があるのは乳酸桿菌ではない。しかし、その他の危険細菌が付着していることを示唆している。

大腸菌が食品から検出されると、危険食品として排除されることは食品衛生法で規定されているが、腸由来の乳酸桿菌が検出されることも安全性の点では、無視できないだろうと思う。

# 緑膿菌と化学発がん実験

先に述べたが、ひき肉には乳酸桿菌が結構たくさんくっついている。だが、直接的に健康面で問題ではない。ところが、緑膿菌であれば、話はちがう。あとで触れることになるが、私は事情があって、緑膿菌を調べた。生鮮食品についても検出する検討も行った。緑膿菌検出には専用の選択培地がある。むずかしい技術ではない。

それを使って、肉類や貝類、刺身類、サラダなど生鮮食品を調べたが、ひき肉や小間切れなどからかなりの確率で緑膿菌が検出された。一方、魚の刺身、これは非常にきれいで、全く検出されなかった。ただ、むき身の「アオヤギ」は検出例があった。

これらは卒論の学生と一緒に行った事例で、だいぶ前に細菌学会で発表した。食品は有名スーパーでも例外ではないと考えておくとよい。流通環境のどこかで汚染するのである。

一方で、ラットを使って、化学発がん実験をしたことがある。MNNGという発がん物質がある。これは強烈な変異原物質でもある。

この物質を適量、水に溶かして、ラットに飲料水として与えた。すると胃がん、あるいは腫瘍がラットの胃にできる。フローラも調べたが、驚いたことに、緑膿菌が陽性のラットに胃がんの発生率が高かったのである。胃がんと緑膿菌の関係が生まれたのである。

一方、人間の胃がんに関係する細菌としてはピロリ菌が有力視されている。胃がんの発生の要因は複雑そうである。複数の要素が重なるのであろう。

緑膿菌に話を戻すが、この細菌を細かく分類するのには血清タイプとピオシンタイプがある。ピオシンタイピングを行う時に緑膿菌を殺菌する操作があって、クロロホルムを使う。専門的になるが、クロロホルムの蒸気には殺菌性があるのだ。

この緑膿菌の調査検討は派生的だが重要なフローラにかかわる事象の発見につながった。

# CRBとクロロホルム

派生的だが、重大な現象がわかってきたので記しておく。

クロロホルムは緑膿菌のところで、殺菌性があると述べた。ならば、腸内細菌を完全に殺菌できるのかどうかということを思いついたのであった。有菌の動物を無菌動物にできる可能性が出てきたのである。抗生物質を飲ませても、無菌マウスやラットを作るのはむずかしいということはわかっている。

ところが、私はとにかくクロロホルムで鶏の盲腸内容をクロロホルム３％の溶液と一緒にして振とうさせて混ぜた。それを無菌ひなに飲ませたのである。

腸内容を培養してみると、ビフィズス菌はもちろん、バクテロイデス、クロストリジウムなど嫌気性細菌群も、大腸菌も、腸球菌も、乳酸桿菌も検出されてこなかったのである。ところが、顕微鏡で観察すると、無菌ではなかったのである。これはすごいことなのだ。このようなことを世界でしたのはこれが初めてなのである。しかも、その盲腸内容は成鶏の盲腸の状態やにおいを示していた。後述するが、イギリスでも同じことをしたところ、同じ結果だった。無菌にできそうで、簡単ではないことがわかった。

同じことを無菌マウスについても行ってみた。同じことというのは、普通のマウスの盲腸内容を採取し、クロロホルムで処理して無菌マウスに投与したということだ。そのマウスの糞便を顕微鏡で観察すると、無菌ではなかったのである。特殊な細菌が生き残っていたのだ。これがフジホームスであった。培養では全く細菌は検出できなかった点はニワトリの場合と同じであったのだ。

さらに、驚くべき発見があった。無菌マウスだと、盲腸内容は水溶性状態であるが、それがふしぎにもふつう見られる盲腸内容の粘着性を示していたのである。盲腸の大きさも縮小していたのだ。

つまり、腸内にはクロロホルムに耐性の細菌が生息していて、しかもこれらの細菌は腸内容の性状をコントロールしていると考えられるのである。

こうして、CRBつまりクロロホルム耐性細菌（クロロホルム・レジスタント・バクテリア）には驚くべき働きがあるとわかってきたのである。その点について、次に他の事例を見ていく。

# ＣＲＢがフローラを安定化する

腸内フローラの推移において大腸菌と腸球菌が急減することにＣＲＢが関与しているだろうと容易に考えられた。そのことは、次のような実験で明らかにされた。

まず無菌マウスに大腸菌と腸球菌を定着させる。

そうすると、盲腸内の菌数はグラム当たり10の10乗個に達するが、その状態に追加的にＣＲＢを定着させると、大腸菌と腸球菌の菌数は10の６乗個ほどに激減、つまり１万分の１になったのである。これは普通のマウスに見られる菌数とほぼ同じである。他の嫌気性細菌について同じような実験をしたが、大腸菌、腸球菌を顕著に減少させることはなかったのである。

つまり、ＣＲＢはフローラを正常な状態にするという働きを示すことがわかったのだ。

このＣＲＢは青い細菌の集団である。顕微鏡で観察すると、マウスの場合、紡錘形のものがほとんどである。鶏のCRBでも青い細菌であるが、まっすぐな針金のような細い形状である。動物種によって、CRBの構成菌種は異なるようだ。

私が留学していたイギリスのレディング大学の国立酪農研究所には無菌飼育装置があった。研究室のフラー博士が腸球菌のある菌株が鶏の発育を阻害するというので、CRBを定着させれば、その腸球菌を抑制して発育阻害が妨げられるかもと提案して、実験を行った。

CRBは確かに腸球菌を顕著に抑制した。それは細菌学的にはよかったのだが、ひなの成育には変化が見られなかった。

ただ、その実験でイギリスでもCRBの存在の証明は成功だった。

フラー博士にも、実験台上にフローラ検査用の十種類ほどの培地を並べて、培養結果を示した。

「ほら」と私は告げた。

「ね、他の細菌は全く検出できませんよね、だが腸球菌減少です」と示したのであった。彼は、にやりと口をゆがめただけだった。

# プロバイオティクス

フラー博士について少し触れておこう。

彼は『プロバイオティクス』の生みの親である。

バイオティクスは生き物を意味する。プロバイオティクスのプロは、バイオティクスつまり生き物を助ける機能を意味し、体の助けになるという意味を込めて、それを発酵乳に求めたのである。

彼は、その書によって世界に訴えた。

私がフラー博士の研究室に在籍していた時に、彼らはヨーグルトなど、発酵乳の機能について、研究グループで研究していたのだ。

その著書『プロバイオティクス』を彼が出したのは、私が帰国して数年後だった。

プロとはアンチの反意語で、「助ける、味方」を意味する。抗生物質のことをアンチバイオティクスという。アンチは他の生き物の活動を抑制することを意味する。普通は病原菌を抑える意味で使われる。

付け加えておくが、読者の中にはプレバイオティクスを思い浮かべる人もいるだろう。プレは「生きものの前にあるもの」を意味し、これはオリゴ糖、食物繊維などのように腸内細菌の餌になる物質を意味する。

## ＣＲＢは腸のホメオスタシスにかかわる

ＣＲＢはフローラを正常にするというだけでなく、腸のがんの発生にも抑制的に働くのだということが明らかにされている。

というのは、理化学研究所の無菌施設で、私も加わり尾崎氏が中心になって、明らかにされたからである。

ある系統のマウスで、BALB/cというのがある。

この系統は無菌状態では小腸にたくさんの腫瘍ができることがわかっていた。

その無菌マウスにＣＲＢを経口的に投与、定着させると、腫瘍の発生率は顕著に減少したのであった。それとあわせて興味ある点は、盲腸内には酪酸が高濃度に存在していたのである。そこで無菌マウスに酪酸溶液を飲ませる実験を行った。その結果、腫瘍発生の減少に大腸内の酪酸の増加がかかわっていることも明らかにされたのである。

酪酸については、諸外国でも研究が進んでいて、がん細胞にアポトーシス（細胞死）を起こすことが証明されていて、重要な有機酸と認識されている。

このように、ＣＲＢは腸の健康に非常に重要な機能を持っているということが示されたのである。体の生命活動を正常に保つのにＣＲＢが重要な役割を持っているのだということであり、ホメオスタシスについては後でも触れる。

酪酸を作る酪酸菌は腸の健康には欠かせないように思うのである。

ＣＲＢが体の正常化、ホメオスタシスにかかわることは、腸の水分代謝、つまり、この場合、下痢状の便を正常な状態にするという生理現象にも関与しているということである。

## トクサのようなSFB

ところで、CRBに絡んで、付け加えておきたい。CRBの一員に、すごく特殊な細菌があるからである。それがSFBである。これはSegmented Filamentous Bacteriaを意味している。

このような細菌が動物の腸内に住んでいるのである。トクサという植物があるが、SFBの形態は何となくトクサに似ている。

SFBの生息場所はフジホームス（大腸に生息）と異なり、小腸の下部の粘膜に食い込んでいるのを電子顕微鏡で確認できる。そのうえ、そのほかの動物、ヒトの腸にも観察されている。

興味深いのは、このSFBもクロロホルム耐性だということである。

SFBは培養ができない細菌で、小腸の下部域に突き刺さるように住み着いている。その点を利用して、理化学研究所の尾崎氏らは巧みな実験で、SFB単独のマウスを作り出した。

このSFBがどのような生活をしているのかを知るためである。他のCRBは小腸にはいない細菌である。フジホームスと呼ばれる細菌は嫌気度要求性が強い嫌気性細菌なので、小腸には生息していない。そこで小腸を切り取り、すりつぶして、無菌マウスに飲ませて、SFB単独のマウスが作られたのである。顕微鏡で見ると明らかであった。

おそらく、「古細菌」と呼ばれるべき生き物と思われるが、そのような細菌の存在を多くのヒトは知らないであろう。このSFBはほとんど、代謝物質を生産していないことが、腸内内容の分析によって明らかである。腸内に特有の短鎖脂肪酸はほとんどないのである。

ところが、オランダの学者とヤクルトの研究者によって免疫学的にはIgA抗体の生成に関与していると報告されている。

## 無菌動物

無菌マウスの利用についてだいぶ述べてきたが、もう少し話を進めよう。

例えば、胎児は無菌状態である。先に述べたが、マウスの胎児を無菌のビニールアイソレータ内に取り出して育てると、無菌マウスが育つのである。

ということは、人間の場合でも胎児を無菌的に取り出して、無菌環境で育てると、無菌の人間ができるはずである。

だが、人間では人権問題になるであろう。それさえ許されれば、できないことではない。

ところで無菌マウスだと、オスもメスも有菌よりおよそ200日近く長生きである。しかもオスがメスより長寿になるというデータだ。それゆえに、人間も無菌状態ならば、男性は女性より長生きができるだろう。

それはともかく、実際、無菌動物が作製され、フローラの構成細菌の機能が研究されている。わたしも、数々の実験をしてきた。

鶏の卵も、からの内側は無菌状態である。卵のからの外側を消毒して無菌の容器内でふ化させると、無菌のひなが生まれてくる。

私は、大学院の時、鶏の卵から無菌ひなを作って、フローラの研究をした。体では、フローラの定着に即した体細胞の反応が発生する。そして、サイトカインのネットワークができるのである。

だが、前項でも述べた無菌動物は、基本的に環境にいる微生物の影響を無視しているような状態である。

誕生をさかいに、環境の微生物、細菌が定着に応じて免疫に関与するはずの体の反応が無菌状態ではないのだ。無菌動物の免疫機能は異常、変調と見なければならない。また、寿命には甲状腺の機能が関係しているという見解がある。ヨウ素消失の増加がそこに効いているのだろうか。が、とにかく、無菌のほうが有菌世界より長生きなので、少し魅力を感じる。腸内細菌の存在が長寿のキメ手を握っているようである。

これは生物進化の歴史に規定された現象、掟といってもよい。無菌動物は異常な細胞機能を抱えているのである。

ところが、現在の産院出産はかなり衛生的で、病原菌から守るために、フローラの形成に不自然さがあるようである。

衛生の行き届いた国では、大腸菌が検出されない新生児が40％もあったというのが、それを示している。フローラの研究をしていると、それは異常に思われる。

環境の衛生度合は、無菌状態とは程遠いのだが、出生直後の衛生条件は最初に出合う細菌の様相が変わっていて人類進化の過程でプログラムされている体細胞の機能に、何らかの影響を与えるだろうと考えるからでもある。

# パスツール

パスツールというフランスの科学者の名前を聞いたことは、だれにでもあるだろう。パスツールは発酵学者であるが、無から生命は生まれないことを実証したことでも有名である。

昔は細菌の存在が知られていなかったのである。何もないのに肉汁が濁ってきて腐ったなんて、あたかも、無から有が生まれたように思われていたのである。

それはないよ、とパスツールは証明した。だからこそパスツールは、無菌動物の開発の先駆者になったのであると言ってもよい。

彼は腸内フローラの機能を高く評価していた。

というのも、パスツールは達観して、無菌動物は生きていけないはずだと決断を下したのであった。フローラを高評価した点はえらいと思われる。彼は、動物は無菌状態では生きながらえないことを証明したかったのだ。そこでパスツール研究所にいたメチニコフに無菌動物を作り出すよう指図したのだった。

パスツールは、洞察力がありすぎたと言ってもよいだろう。

このように細菌が動物に役立つとした根拠は、マメ科植物は根っこに根瘤バクテリアがいて、空気中の窒素を取り込んで窒素化合物を作り、豆を育てているということを彼が知っていて、無菌動物は細菌の援助がないなら生きていけない、と考えたのである。

# ヨーグルトとメチニコフ

パスツールの弟子のメチニコフという学者が、パスツールに無菌動物の作出を依頼されたことは前項で触れたが、簡単にはいかなかった。いくらかの試行錯誤の末、無菌動物らしいものが作出された。無菌動物は簡単には死ぬことがなかったようであるが、成育はよくなかったようだ。そのうちに栄養を十分に与えれば成育できることが明らかになった。

ただ、メチニコフはむしろ、腸内細菌は毒を作り出すので、長生きはできないと考えていた。

メチニコフは自家中毒説という学説をのちに著したが、そのエッセイは有名で、コーカサス地方の老人が長生きなのは、発酵乳を食べているからでは、と推察したのである。つまり、発酵乳摂取によって自家中毒を抑制するから長寿者が多いのだと考えたのである。

ここに、善玉菌、悪玉菌のレトリックが生まれたと言ってもよい。一部の日本人学者が強調しているように。

私の考えはそれに沿わないものである。腸内細菌が悪いのではなくて、人間が好き勝手な食生活をするのが問題だという考えである。

とにかく、メチニコフが提唱した思想が芽生え、成長して、これがよかったことは否定しない。明治乳業が商品化したブルガリア・ヨーグルトがにぎわっているのは、このようないきさつがあったからである。

コーカサス地方のヨーグルトの乳酸菌がブルガリア・ヨーグルトと同じものかについては、私は知らない。

市販のブルガリア・ヨーグルトの細菌は、体温で発育する乳酸菌である。私は明治乳業のヨーグルトを買ってきて、牛乳と混ぜて37度で発酵させ、毎朝食べている。

しかしながら、次に述べるが、日本の発酵乳の走りは紆余曲折があったようである。その点は食品衛生法を見ると、うなずけるところでもある。

# 発酵乳の発展はヤクルトとカルピスから

私が子供のころすでに、山口県の片田舎のわが家にはヤクルトが配達されていた。容器はガラス製であった。味は今と変わりないように記憶している。酸味があり、甘みのある忘れられない味であった。

ヤクルトは、正確には乳酸菌飲料の部類に属する。発酵乳とは少しジャンルが違うようである。食品衛生法は細かくてうるさいのである。

すでにそのころ、初恋の味とかいわれたカルピスがあった。これも昔からある製品である。

これは殺菌されているので、酸乳という分類になる。ケフィアを土台にした発酵乳を殺菌して、甘くした代物である。発酵原液を飲んだことがあるが、あのままでは酸味が強すぎるようであったと記憶している。

通称ヤクルト菌と呼ばれる乳酸菌は、ラクトバシラス・カゼイ（カゼイ菌）と呼ばれる乳酸桿菌である。カゼイは、その意味からチーズに由来する。同じ乳酸桿菌で植物性乳酸菌というのがあるが、違和感を覚える。植物性乳酸菌という分類はないし、カゼイ菌はチーズの乳酸菌で動物性といわれてしかるべきだ。

その後、ヤクルトの繁栄に倣って、プレーンヨーグルトのブルガリア・ヨーグルトが追随した。

ヤクルト菌はユニークで、体温でも増殖できるし、室温でも増殖できる。したがって、腸内である程度増殖し、生きた状態で通過するが、定着はしないと考えられる。ブルガリア・ヨーグルトは2種類の乳酸菌、ブルガリア菌（乳酸桿菌）とストレプトコッカス・サーモヒラス（乳酸球菌）の発酵で作られる。

市販のプレーンヨーグルトと牛乳を混ぜて、体温ほどの温度で培養すれば作れる。プレーンだから、同じヨーグルトを作ることができるのである。

この二つの乳酸菌については他の項目で触れている。通常は腸内で増殖できない細菌である。

人間の腸内でも増殖可能な発酵乳の乳酸菌として、ビフィズス菌が用いられるようになってきた。

その他ガセリ菌の発酵乳も作られるようになってきて、幅が広がってきた。ガセリ菌はヒトの腸内由来で、アシドフィルス菌に近い乳酸桿菌である。ガセリさんというイギリスの女性研究者が発見した乳酸桿菌である。

カスピ海ヨーグルトという製品がある。結構流行っているようである。この発酵乳酸菌は常温では増殖できるが、体温では増殖しないものである。本当のヨーグルト、真正ヨーグルトはブルガリア・ヨーグルトで、２種類の乳酸菌で作られる発酵乳である。

乳酸菌飲料には乳酸菌とは言い切れない細菌が使用されるものもあった。

現役だったころのことだが、神奈川県の衛生研究所から見てほしいと相談を受けたことがあった。乳酸菌飲料の乳酸菌の検査を行っていたようなのだ。

乳酸菌検査は食品衛生法で、特定の寒天培地が決まっていて、インジケーターとして色素が入っている。相談された疑問点は、培養初めに、乳酸菌のように培地が黄色を呈したが、その後、元の青紫色に変化したということであった。

話を聞いていて、乳酸菌ではないと判断した。分離菌株を見せてもらったが、寒天培地上のコロニー形態も明瞭であった。バシラスである。この乳酸菌と称する細菌はバシラス・コアグランスというものであった。院生時代に無菌のひなに飲ませたことがあるが、定着しなかった。

神奈川県の衛生研究所の研究員は、その後同定キットで調べ、そのように結論を出した。この乳酸菌飲料が今発売されているか、はっきり知らないが、とにかく、十分ラベルを見て、吟味してもらいたい。ちゃんと、使用乳酸菌の種類がラベルで表示されていると、一応安心である。

以上、少し発酵乳関係の歴史の大まかな流れを述べた。

# ヨーグルトをラットに食べさせる

ヨーグルトの正統派はブルガリア・ヨーグルトであることは先に触れた。私が市販のヨーグルト（明治乳業）を種菌として、ヨーグルトを自宅で作って食べていることにも触れた。ヨーグルトは37度に保温して、８時間ほどすると出来上がる。一般には、ブルガリア・ヨーグルトの乳酸菌は腸内では生きていけないと考えられている。

本当にそうなのか確かめるためにラットにヨーグルトを与える実験を行ったことがある。ラットに与えるには固形化する必要があるので、寒天を１％加えて、市販のヨーグルトと牛乳を混ぜて発酵させる。できた寒天入りのヨーグルト（冷蔵庫で冷やす）のみをエサとしてラットに与えた。

ラットは喜んで食べたようであった。給餌器の中は毎日からになった。本来ヨーグルト菌は死ぬと考えられていたが、驚くべきことに、腸内を調べると、ある程度生きて通過しているのが明らかであった。特徴的形状の桿菌のブルガリクス菌と球菌のサーモフィラス菌が培養によって、検出されたのである。生きて通過することは明らかである。ただし、菌数面からは、腸内で増殖したようには認められなかった。

仮にこれらの乳酸菌は腸内で増殖しなくて、ただ通過するだけであっても、乳酸菌は付着因子を有していて粘膜に付着するので、体に影響することが十分考えられるのである。腸粘膜にはセンサーが備わっていることがわかっているのだ。

粘膜に付着することで、免疫機構に絡むサイトカインという活性物質が派生して、免疫状態に影響するのである。そこに、ヨーグルトなどの発酵乳は意義があるわけである。

生きた乳酸菌のほうが乳酸菌の表面の構造物質を保っている点で、死菌より効果的であると考えてよい。死菌でも、特に高熱殺菌は菌体表面にある粘膜付着性が失われることがわかっている。

私はさらに実験を推進させて、胃がんの発がん実験をラットで行い、ヨーグルトの効果を調べたことがある。まず、ＭＮＮＧという発がん物質を水に溶かして、飲み水として与える。

ＭＮＮＧ投与終了後に、ヨーグルトを１日25グラム、週４回与えた。胃がんの発生率がヨーグルト投与において顕著に低下したのである。食品衛生学会に発表したので、調べてもらえば理解されるだろう。

## 胃がんと結腸がん

日本では胃がんの発生が減少してきている。

食事様式が西洋化してきたからだと指摘されている。しかし、食事様式が変化したからといって、安心できるほどではない。

疫学的な事実が物語ってもいる。日本人がハワイに移住して、日系人の胃がんは減少したという。かわりに、結腸がんが増加してきたというのである。

これでは日本食があたかも悪いといわれているようである。日本食のどこが悪いのか。ペルーのほうでも胃がんは多いというのだが、トウモロコシの食べすぎだという意見もある。つまり、デンプン主体の食事が悪いようである。

昔の日本食も、ごはん主体であった。腹いっぱいのごはんと塩辛いおかずである。動物実験でも、食塩が胃がんの促進物質だという証拠が出ている。

コメの消費は昭和39年の東京オリンピック以後、急速に減少している。ヨーロッパ人に勝つには食事の西洋化が必要だというのであろうか。

現在のコメの消費量は、ほとんど3分の1くらいになってきている。その効果であろうか、それに比例して胃がんは次第に減少しているようだ。一方、胃がんについて細菌も関係しているのではないかという意見や事実もある。

日本食は胃粘膜の組織的な問題に絡んでいるというのである。昔の日本食が禍してか、胃粘膜が腸上皮化生されやすいといわれている。そうなると、胃酸の分泌が落ちて、細菌が繁殖しやすくなるのである。そのために発がん物質、ないしは促進性物質が異常に増えてくるというのである。

日本食の問題点は、そこにあるというのが理屈である。胃酸の分泌が低下するのは、たんぱく質の摂取の少なさに基づくと考えられもする。胃酸が減少すると、胃内で細菌が増殖しやすくなると考えられる。

ところで、食事の西洋化で結腸がんが増加してきた。食物繊維の摂取が減少してきたからだという考えがある。しかし、わたしは異論を持っていた。ごはんの減少のせいだと、考えてきたのである。食物繊維の摂取は統計データを見れば、特に減少しているということはないからだ。

## ピロリ菌が胃がんの原因菌？

胃がんに触れたので、少しピロリ菌を紹介しておくとしよう。ピロリは幽門のことで、幽門菌といってもいい細菌である。どちらかというと、嫌気性細菌の仲間である（偏性嫌気性細菌ではない）。

学名はヘリコバクター・ピロリ。ヘリコプターのヘリコである。形態が、らせん状をなして、菌体の一端に五、六本の鞭毛を持っている。鞭毛を動かして、泳ぐようにして移動するのである。大腸菌も鞭毛を持って移動できるが、菌体周囲全体に鞭毛を備えている。

発見の経緯を振り返ると、以前から胃の粘膜に菌体が顕微鏡で確認されていた。等閑視されていた。

ところが、オーストラリアの医師と病理学者が、しばしば胃炎患者の粘膜に顕微鏡で見かけるのを不審に思った。目の付け所がいい。胃炎と関連付けたのである。そして培養にまでこぎつけて、２００５年にノーベル賞の受賞を手にしたのである。

ピロリ菌は嫌気性細菌に近いと先ほど触れたが、この細菌、実に巧妙で、酸素が５％ほどある環境を好むのである。実際に現在、細菌学者は検査の時、５％の酸素が発生する薬剤をジャーの中に入れて培養している。赤か、青か、というと、赤い細菌である。

ピロリ菌は胃酸の存在下でも生きるすべを備えている。胃液には尿素がある。それをウレアーゼで分解してできるアンモニアをかぶって胃酸に抵抗するのである。

ピロリ菌の感染によって胃炎が慢性化すると、胃潰瘍になり、さらに胃酸の分泌が低下して、胃内で他の細菌が異常繁殖するのだ。その結果、ニトロソ化合物のような発がん物質が生成される。

ピロリ菌が胃がんと関連するというのは、この点にあると考えられる。

肉料理を食べる行為は肉を消化するために、ペプシンを必要とする。ペプシンは酸性において消化活性が発揮できるので、肉料理を食べることによって、胃酸分泌が刺激されて、ペプシンもよく分泌されるという好循環が生まれる。

日本人がハワイに移住すると胃がんが減少するのは、洋食化による、こういういさつがあると考えられるからである。

ただし、食事の西洋化で、結腸がんが増えるという皮肉が生まれるのは困ったものである。食事様式はバランス感覚が必要である。

## 胃酸分泌の低下にヨーグルトやファンタ？

胃がんの予防になるかもしれない食べ物や飲み物に、ヨーグルトやファンタが挙げられる。突拍子もない意見かもしれない。が、というのも、胃内で細菌が増える状態は胃酸の減少と関連するからである。

胃内の細菌の異常増殖を抑えるには胃酸の代わりになる食品が補助的に良いのでは、と思われるのである。ごく常識的な考えである。

ラットで行った化学発がん実験のところで述べたが、ヨーグルトは有効だったのである。

０１５７が問題になっていたころ、飲料の抗菌性を調べたことがある。そのとき、飲み物のうち、すこぶる強い殺菌性を示すものがあることを発見した。

食品衛生学会で発表したが、その一つがファンタであった。コカ・コーラも同程度に強烈であった。ジュース類や缶コーヒー、お茶類も調べたのである。

これらの飲み物は酸度も調べたのであるが、たくさん調べた中でも、コカ・コーラやファンタは強烈な強さであった。酸度が並外れて強いのだ。

日本では有名なサイダーも同じ炭酸飲料であるが、サイダーは酸度の度合いはないも等しいくらい弱く、ほとんど殺菌効果はなく、水みたいなものであった。

ファンタやコカ・コーラと胃がんの関係について疫学的なデータはないと思うが、調べる価値はありそうだ。

ファンタやコカ・コーラが、アメリカで胃がん発生率が低い点に関連するのであろうか？　胃がんには塩分の取りすぎやその他、食品因子が挙げられる。

だが、胃内の異常な細菌増殖を抑えることに、ファンタやコカ・コーラの効果は無視してよいのであろうか？　あり得ないこととは思われない。空腹時が効果的でありそうに思われる。この時代、糖質の取りすぎは敬遠されるので、その点は問題であろうが。もちろんヨーグルトも、特にプレーンヨーグルトだが、評価してもよいのではないかと思われる。

# 食物繊維と酪酸

食物繊維の摂取が少なくなっていると言われている？　だが、公式のデータを見ると、そうはなっていないように思われる。緑黄色野菜を摂取しましょうと強調しているのはよい。

食物繊維の機能はいろいろ挙げられる。昔は食物繊維は栄養学的価値はないとされて、栄養素に属さなかった時代もあった。ただ、大便の嵩を増やすだけだと。

食物繊維は物質を吸着する働きがあるとわかっている。体によくない物質を吸着して排出する機能である。栄養素の消化吸収を遅らせることで、エネルギーの消失にもつながるが、それは健康によいのだというのである。

一方、腸内細菌は食物繊維を分解利用することで、健康の増進、維持に役立っていると言われてきた。

日本食の特徴は野菜料理だということに異論はない。ただし、結腸がんが増加する事態の本質的な原因が何か、疑問点もある。つまり、食物繊維の摂取の減少が結腸がんの増加につながっているというのが本当なのか、少し考えてみたい。

事実は複雑である。動物実験の成績は必ずしも、世間で言われるほど食物繊維に満点は付けられないのである。例えば、食物繊維のうち、水溶性食物繊維のペクチンは、むしろ結腸がんの発生率を増やすという動物実験のデータがある。それに反して、セルロースは減らすというデータが出ている。

ペクチンとセルロースでは腸内細菌による発酵生成物に違いがあることもわかっている。

すなわち、ペクチンでは酢酸が主要な増加要素となっているが、それに対してセルロースの場合は、酪酸の増加が顕著なのである。そこには腸内細菌のうち活躍種類に違いがあることが考えられる。

酪酸は粘膜のエネルギーになることで特徴があるが、細胞の分化も促進することがわかっている。腸の上皮細胞が吸収細胞に分化することを促進しているのも特徴の一つである。

それだけではないのである。酪酸は短鎖脂肪酸の一種であるが、がん細胞の死滅

（アポトーシス）を促すこともわかってきている。では酢酸にどのような機能が考えられるのか、はっきりしない。酢酸はカルシウムの吸収を促進するが、結腸がんの発生とどのように関係するのだろうか、研究の余地が大いにある。また重要な点の二次胆汁酸の質と量が結腸がんに関係することが明らかで、そのこととペクチン飼料におけるがん発生とどこかでつながりがあるのかもしれない。

ある医者が、ビフィズス菌は善玉だから、酪酸を作っているのでしょう、などと発言したことがあった。しかし、ビフィズス菌は酢酸と乳酸を生成する細菌である。

セルロースのような不溶性の繊維はどうしても、腸の下部において発酵される。つまり嫌気度の強い環境で発酵されるのである。

セルロース分解細菌はセルロースに付着して酵素を分泌して、セルロースを分解する。そして周囲に生息する細菌は分解物質を利用できる。酪酸もそうして、連携、つまりネットワークができて生成されていると考えられる。

私の実験でラットにセルロースをたくさん与えると、酪酸が増加することが明らかにされているが、盲腸内のビフィズス菌も増加するのは、そうしたネットワークの存在を示している。ビフィズス菌はセルロース分解できないので、他の細菌のおかげということになるわけである。

腸内フローラは巧妙に宿主、つまり腸管の嫌気的環境に依存した体の健康を保つようにできているのである。

## 酪酸と嫌気性細菌、ミヤリサン、ウエルシュ菌

大腸内の酪酸は健康にとって非常に重要であると述べた。だが、酪酸はにおいが悪い。そのため嫌われそうである。しかし、臭いからといって蓋では、見落としもあり得る。

酪酸は短鎖脂肪酸の一つだと前述した。また、粘膜細胞のエネルギー源でもあるのだ。粘膜のエネルギー源としては、グルタミンというアミノ酸がある。酪酸はそれ以上のものだとわかってきている。

酪酸を作る嫌気性細菌の代表はウエルシュ菌である。ウエルシュ菌は悪玉のように言われているが、決してそうではないのだ。

結腸がんの発生を抑制するというデータも細菌学会で発表されたことがあった。ある医学部の細菌学教授の発表である。酪酸産生するので、当然であるが、世間の評価は低いのが現状である。

最近、目にしないが、ミヤリサンという腸の薬があった。細菌製剤で、現在も発売されているであろう。何年か前に製薬会社の社員に会ったことがあったが、ノロウイルス感染に有効と言っていた。ノロウイルスに直接効くわけではないのであろう。下痢状態の腸粘膜の修復に役立つのではないかと推測する。

ミヤリサンの原料は酪酸菌（クロストリジウム・ブチリカム）という日本語で通称される嫌気性細菌である。酪酸を主成分に作り出す嫌気性細菌である。

この酪酸菌は宮入近治さんによって１９３３年に発見され、発展させた医薬品がミヤリサンである。

多分、腸内にはまだ、たくさんの役立ちそうな細菌が生息していると考えて間違いない。特に嫌気性細菌の仲間は、ヒトの健康の役に立っていることがわかる日を待っているに違いない。

# 野菜の漬物と乳酸菌

余談になるが、少し漬物について述べておきたい。漬物の専門家ではないが、常識的な乳酸菌の実態はある程度わかっている。

乳酸菌は自然界に広く分布していて、野菜にくっついている。

私は、しばしば白菜漬けをスーパーマーケットで買ってくる。白菜漬けが好みなのである。買ってくると、台所の床に放置しておく。涼しい時期は1週間くらい放置しておくと発酵が進んでくる。夏なら、すぐ発酵するので、気を付けないと発酵しすぎることがある。発酵を抑えるために、冷蔵庫に保存して、必要に応じて、刻んで食べる。

賞味期限ぎりぎりになると、割引販売されている。安いうえに、理屈から考えると、漬物なのだから、願ったりかなったりである。待っていましたとばかりに、私は飛びついて購入する。病原菌がいない限り、問題はない。

発酵がある程度進んでいるのがおいしいのだ。賞味期限は浅漬けとしてはあるのかもしれない。が、常温で増殖するのが乳酸菌である。密閉されているので、袋が膨らんでくることもある。経験的に、ガス発生性の乳酸菌が多く、生息している証拠である。

漬物コーナーで一緒になった年配の旦那が覗き込んでいた。正価のものと20％割引のものと並んでいた。割引のほうがおすすめだと私が勧めたのに、彼は敬遠するのだった。

それも理屈であろうが、私の趣向も理屈である。

キムチがプラスチック容器で売られている。これも保存していると、泡が出てくる。ガス産生性の乳酸菌の発酵によるものである。けっして衛生上問題はない。好みによりけりである。

# 大腸菌や腸球菌が素早い

普通、大腸菌は名前のとおり赤ちゃんにとって最も親しい仲間である。イの一番に腸に住み着いてくるからでもある。名前からして、まさに大腸の細菌である。腸球菌という細菌も、大腸菌に劣らず、早く住み着く。ブドウ球菌も早い方であるが、本来、腸内が好みというより、皮膚の細菌である。お母さんのおっぱいをしゃぶるものだから、腸内で見つかるのである。菌数は多くないのが普通である。これらの細菌は酸素に強い細菌で、好気性細菌と呼ばれる。

ところが、スウェーデンの研究者によると、糞便検査で、大腸菌がいない赤ちゃんが40%もあったというのである。赤ちゃんの出産時に、何らかの衛生的な特別な措置が取られているせいではないかと憶測したくなる。

普通には考えられない現象である。珍事、驚異と言ってよいものである。それが問題化されていないのが問題ではないか、と思われるのだ。

赤ちゃんにとって、よいわけがないであろう。というのは、細菌は、人類進化の間に一緒に生きてきたと考えられるからだ。細菌は、ただ寄生しているのではないのである。ただの寄生としても、体のほうが反応するからだ。

人類は長い進化を経て生まれ育ったのである。繰り返すようだが、それを覆すような、人工的な環境が創出されている。

当然、体の免疫学的な構築も生まれた時から始まっているのである。何らかの狂いが体に生じるとしても不思議ではない。

アトピーとか、その他のアレルギーの異常な繁栄ぶりは、このような腸内フローラ形成の激変に関係してるのではないかと考えたり、憶測したりするのである。

今ではアトピーどころか、アナフィラキシーが子供たちに起きる。このようなショック的な反応は私の子供時代にはなかったことである。

# 腸内の主役、嫌気性細菌は？

皆さん、不思議に思わないだろうか？　成人の大腸には多種多様な嫌気性細菌が数量的にたくさん生息している。赤ちゃんは生まれるときに、お母さんのこうした嫌気性細菌に真っ先にさらされるように思われる。

昔の家庭分娩でも衛生措置はある程度とられたであろうが、大腸菌が赤ちゃんの口から入るように、他のたくさんの種類の細菌たちも入ってくるはずである。産道を通るときに、赤ちゃんは接触するからである。

嫌気性細菌は菌数も種類も多いから、そのように考えるのが当然だろう。ところが、新生児には大腸菌や腸球菌が初めに検出されるが、嫌気性細菌や空気の酸素が嫌いな細菌たちは検出されないのである。住み着きにくいからである。その嫌気性細菌の酸素嫌いには、程度の違いがあることは明らかである。そのために、腸内フローラの巧妙な成り立ち、推移が観察されるのである。次に、そのことに触れる。

## ビフィズス菌の登場

腸内の主役の第一番は、ビフィズス菌である。異論はないだろう。

赤ちゃんのおなかの中にビフィズス菌が出現するのは一大イベントである。

ビフィズス菌は、たくさんの人々から善玉だと称賛され、期待されている細菌でもある。ごひいきの学者はビフィズス菌こそ救世主のように主張している。赤ちゃんにおいては、そのとおりなのである。

先に示したが、私は少し長い進化の歴史の視野で、ビフィズス菌の良さを捉え、考えている。人類進化において、ビフィズス菌の働きを評価したいからである。

なぜそう考えるか？　ビフィズス菌と母乳栄養様式の関係は切り離しては考えられない理由がある。その関係の上に人類は進化してきたと強く考えられるからである。

母乳の良さは、後述の乳児ボツリヌス症の件でも触れるが、母乳栄養では腸内のペーハーが非常に低下する。赤痢菌とかサルモネラなど病原菌が増殖できないほどになるのだ。ペーハーは5・0くらいになる。人工乳ではこうはならず、ほとんど中性の6・9で、母乳に比べるとかなり高いのである。

ビフィズス菌がそんなに大切なら、なぜ早く登場しないのか？　不思議でもある。それにはわけがあるのだ。ビフィズス菌は嫌気性細菌の仲間に属する。つまり、空気、酸素が苦手なのだ。

そのために、大腸菌とか腸球菌が住み着いて酸素を吸収してくれ、初めてビフィズス菌は登場できるのである。酸化還元電位の数値に明らかに示されている。母乳では電位はプラス100ほどと高めである。が、ビフィズス菌はその程度の電位には耐えて増殖できるのだ。それによって、ペーハー5・0に急速に低下する。酸化還元電位がマイナスになるのは混合栄養になってからである。マイナスに低下すると、他の嫌気性細菌も定着できるようになる。

悪玉扱いされる大腸菌も大切な援助細菌なのである。だがとにかく、新生児にはビフィズス菌は貴重な存在であるのは明らかだ。

繰り返しになるが、ビフィズス菌はほかの嫌気性細菌に比べると酸素になんとか負けない性質を遺伝的に備えているのである。したがって、小腸の下部でも増殖できるのである。そのことによって、ビフィズス菌はオリゴ糖の利用も他の嫌気性細菌より素早くできる特質をそなえているのである。

# 母乳は大切である

特に、母乳栄養の乳児においては、ビフィズス菌を支える仕組みがある。

母乳には抗体、抗菌性物質などが含まれていて、病原細菌の腸内感染症の予防につながる仕組みがある。

母乳栄養では便のペーハーが非常に低いことはすでに述べた。そのため赤痢菌やサルモネラのような病原細菌の感染防御に役立つ。

ペーハーというのは酸性度を測る目安である。人工乳だと、便のペーハーは６・９くらいだが、母乳栄養だと、５・０程度、というのは前項で述べた。

この差は病原菌の感染の防御には有力である。これはビフィズス菌のおかげである。

人工乳栄養でもビフィズス菌はいるが、母乳のようにはペーハーが下がらないのである。

なぜ、そのような違いが生まれるのであろうか？

これは母乳のペーハー緩衝力が関係するのである。緩衝力とは酸度を中和する力のことだ。

母乳は、その緩衝力が弱いのである。そのために、ビフィズス菌が産生する酢酸、乳酸の酸性をもろに受け、大腸内容のペーハーが低下するのである。

人工乳は緩衝力が強く、ビフィズス菌が作り出す有機酸の中和力が強いと考えられるのだ。そのために母乳に比べて、人工乳ではペーハーがはるかに高くなる。人工乳を与える事態が離乳でもあると考えた方がよいのだ。母乳はもっと評価されるべきである。

## オリゴ糖のすすめ

このように母乳栄養の赤ちゃんの便が酸性に傾くのには、乳糖の発酵が大きくかかわっている。これによって腸は守られているのである。

これは進化の摂理だと思っている。合理的に創造されているのである。赤ちゃんは母乳で育てるのが理想的なのだということだ。ところが人間社会では、食糧不足の国も多く、母乳が出ないヒトも多い。最悪の状況におかれる国もあるのだ。当然、新生児は腸内感染症にさらされる。

牛乳には含まれない、独特のオリゴ糖が母乳にはある。ビフィズス菌増殖促進因子と呼ばれている。このようなすぐれた母乳を利用しない手はないのである。赤ちゃんに与えてほしいものである。

とにかく、オリゴ糖はビフィズス菌の好物であるのは明らかである。嫌気性細菌の中でも、早期に定着できるのも、そのおかげであろう。また、他の細菌に見られない独特の代謝経路で、オリゴ糖は代謝されて、酢酸と乳酸に変化する。

オリゴ糖の研究は進んでいたが、実験動物、ラットやマウスの実験データは報告されていなかった。当時、私は食品衛生部に在籍していた。

そこで、私はオリゴ糖が腸内フローラにどのように影響するのか、実験動物で研究したことがある。実験動物のデータは出ていなかったからでもあった。

ところが、オリゴ糖をラットに与えても、世間で言われるようにはビフィズス菌は増えてこなかった。

当時、オリゴ糖には、フラクトオリゴ糖、ガラクトオリゴ糖、大豆オリゴ糖があったので、それらの比較実験を試みたのである。しかしながら、ビフィズス菌の増加は認められなかったので、頭をひねった。世間で言われることは本当だろうかと、疑問を抱いた。自分の実験に問題があるのか、それも考えた。

実験で使用した基礎飼料は市販の配合飼料であった。市販配合飼料には変質した脂肪もあると聞いていた。

市販の配合飼料に添加して実験したのがよくなかったと、まず判断した。市販の飼料は安価であるが、夾雑物《きょうざつぶつ》がビフィズス菌の増殖には不適当であったと考えたのである。

そこで、夾雑物を抑えるために、基礎飼料として精製飼料を使用してみた。それが当たったのである。オリゴ糖5%を精製飼料に混ぜて与えると、ビフィズス菌の増加が見られた。

精製飼料というのはコーンデンプン、コーン油、カゼイン、セルロース、ビタミン類、ミネラルから構成されている。高価な飼料になる。オリゴ糖無添加の精製飼料にするだけでも、ビフィズス菌が増加することもわかった。市販飼料は基本的には適さないと判断された。

私の実験で、初めてオリゴ糖がビフィズス菌の増殖促進因子となることが動物実験で証明されたのである。対照の精製基礎飼料の100倍ないし1000倍にビフィズス菌の菌数は増えたのであった。

## オリゴ糖は多くの細菌にも利用される

オリゴ糖はビフィズス菌の好物である。だが、他の嫌気性細菌には利用されないかというと、そうではない。腸内の嫌気性細菌は多種多様。利用できることも明らかにされている。

前項で述べた市販飼料の場合、ビフィズス菌が検出されなかったのだが、分析によって盲腸の有機酸は顕著に増加していたのだ。つまり、ビフィズス菌以外の嫌気性細菌がオリゴ糖を利用できることを如実に示している。

精製飼料の時にも、盲腸内容の有機酸分析によって、ビフィズス菌が生成する酢酸のほか、プロピオン酸、酪酸の増加も認められたことも、そのことを示している。

腸内フローラは複雑な構成になっている。１００種類ないし２００種類の細菌が住んでいるのである、当然、あり得るのだ。

それほど、細菌の代謝機能も複雑になるが、それは簡単に証明できる。腸内の有機酸の分析をすることで理解できる。ビフィズス菌は酢酸と乳酸を生成するが、大腸内にあるプロピオン酸や酪酸も主要な有機酸で、その動態を見ればわかるのだ。

オリゴ糖の有益なことは、そのように各種の嫌気性細菌にも利用されることで評価されるべきでもあるのだ。

## 即席めん（インスタントラーメン）

市販飼料の問題点に触れたが、即席めんがデビューしたころ、脂肪の酸化、酸化脂質の健康被害が問題になったことがあった。

私が所属していた食品衛生部では先輩たちによって酸化脂質の調査研究が盛んに行われた。特に過酸化脂質がやり玉に挙がって、難題だった。過酸化脂質は老化の元凶と考えられ、腸内環境にも影響するのである。

私が就職したころには過酸化脂質問題は下火になっていたが、私は過酸化脂質が腸内細菌にどのように影響するのか、少し興味を持っていた。

試験管内の実験であるが、幾つかの腸内細菌の増殖に対する影響を調べたことがある。リノール酸とリノール酸の過酸化物に対する腸内細菌の感受性を培養実験で比較検討したのである。

過酸化リノール酸に対して嫌気性細菌は概して敏感であったが、ビフィズス菌は過酸化リノール酸に、より敏感であった。つまり、ビフィズス菌は増殖を抑制されやすい傾向を示した。が、ビフィズス菌以上に敏感な嫌気性細菌もあった。ヒトの腸内にいるクロストリジウムの一種のラモーザム菌がそれである。また、ユーバクテリウムも非常に敏感であった。一方、ウエルシュ菌は、かなり鈍感であった。

また、リノール酸も抗菌性活性を示したが、バクテロイデスとラモーザム菌以外の嫌気性細菌では、むしろリノール酸に敏感な細菌が多いことがわかった。ビフィズス菌で説明すると、不思議に、ビフィズス菌は過酸化リノール酸よりも、リノール酸に、より敏感であることが明らかにされた。

ウエルシュ菌が過酸化リノール酸に対して鈍感なのは分解してしまうことによると分析によって明らかにされた。またラモーザム菌はリノール酸に鈍感であったが、やはり分解する能力を有しているからであるようだ。

この実験では、過酸化も問題であるが、リノール酸の取りすぎは、より問題になりそうだということである。多くの研究で食品中の脂質は影響することが知られていた。そもそも脂質は小腸で消化吸収される。摂取しすぎないのがフローラにとっては影響が少ないということである。

## 短鎖脂肪酸の抗菌性について

先に述べたリノール酸は長鎖脂肪酸である。それに対して、大腸内には短鎖脂肪酸がたくさんある。嫌気性細菌たちが作ってくれるのだ。

短鎖脂肪酸には抗菌性があって、弱酸性に保つと、赤痢菌やサルモネラの感染を防いでくれることが証明されている。一方、乳酸やコハク酸も高濃度にあるが、こちらは抗菌性は弱いのである。むしろ、腸内細菌のエネルギーになり得るのである。

O157について、酢酸、プロピオン酸、酪酸の影響について研究したことがある。そのデータはイギリスの微生物の専門誌に報告されている。

ある友人が依頼に来て、豆乳の発酵物の抗菌性を調べたいというのだった。それだけのために研究室を使用するわけにはいかないから、短鎖脂肪酸と比較実験にしようと相談がまとまって、はじめたのであった。実験は順調に行われ、素晴らしい成果が生まれた。

前記の短鎖脂肪酸をペーハー6・0の培地に添加して調べると、明らかにO157の増殖は抑制された。毒素の産生も完全に抑制されたのであった。一方、ペーハー6・0では乳酸には抑制作用が全くなかった。

このような短鎖脂肪酸の病原菌に対する抗菌性のメカニズムについても、先人によって研究されて、わかっている。病原細菌のブドウ糖利用が抑えられるというのである。ブドウ糖の利用ができなくて、増殖できないのだ。ただし、静菌的現象で、殺菌しているわけではないのだ。つまり、ペーハーを中和すると、試験管内の透明な培養液は濁ってO157は増殖してくる。

とにかく、短鎖脂肪酸が腸内で作られるには難消化性の食品、例えば、オリゴ糖、食物繊維、ご飯のアミロースを含む食品を常時とるのがよいといえるのである。

## 難消化物質（オリゴ糖、食物繊維）

難消化物質を大まかに分けると、比較的低分子のオリゴ糖と高分子の食物繊維である。私のラットの実験でオリゴ糖（ガラクトオリゴ糖）と食物繊維（セルロース）の比較実験を紹介しよう。イギリスの専門誌に掲載されたものからのデータである。

オリゴ糖は小腸下部、大腸の近位部、つまり盲腸に近い部分で、ビフィズス菌によって非常によく利用される。

オリゴ糖にはガラクトオリゴ糖やフラクトオリゴ糖などが代表的だ。

ガラクトオリゴ糖はブドウ糖に二、三個のガラクトースが連なったものであり、フラクトオリゴ糖はブドウ糖に二、三個のフラクトースが連なっているものである。

一方、セルロースをラットに与えて、腸内容物のペーハーで見ると、大腸の下部で発酵されることがはっきりした。セルロース（15％含む）では、盲腸のペーハーが7・1、糞便が6・4で、糞便のほうが低いのだった。ガラクトオリゴ糖では、それぞれ、6・5、6・9だったので、明らかに利用される部位が違うのだ。オリゴ糖は直腸までに大部分が利用されることがわかる。

セルロースはブドウ糖が連なった高分子であるから、それなりに発酵に時間が要するし、関与する嫌気性細菌の種類も限られる。

もう一つ興味ある点は、発酵生産物の質と量である。オリゴ糖では酢酸が多く、72・8（単位省略）、それに対してセルロースでは酢酸は35・5、酪酸はそれぞれ、オリゴ糖の7・3に対してセルロースは20・8だったのだ。そこには対照的な違いがある。

発酵にかかわる細菌の種類が違うことを意味している。オリゴ糖ではビフィズス菌が主役だ。セルロースではセルロースを加水分解する細菌、それに群がる酪酸産生性細菌が関与していると考えられる。多分、前に記したCRBも関係しているだろう。

こういうデータもある。精製飼料に乳糖を添加したラットの実験で、ビフィズス菌は盲腸で顕著に増加するが、小腸の下部でも顕著に増加していた。前にも述べたが、ビフィズス菌は嫌気度の緩い部位でも増殖できる嫌気性細菌だからであろう。

ちなみに、主要な嫌気性細菌であるバクテロイデスは乳糖を利用できるのに小腸では全く増加しないのである。

# 耐性デンプン（アミロース）とプロピオン酸

私はご飯党である。朝食、夕食にご飯一杯をとる。ご飯には耐性デンプンが多い。耐性デンプンは学問的にはアミロースである。

この程度は知っていたが、鹿児島県栄養士会で講演をした時、フローラ全体の役割の話をして、耐性デンプンに触れた。度肝を抜いたのはよかったのであるが、度肝などというのは善玉、悪玉レトリックが盛んだったころだったからで、講演の後、栄養士会の世話役が、質問してきた。

「もち米もいいのでしょうね」と。とっさに、私の能力を試そうという魂胆だな、と私は悟った。

というのは、私は食品学者ではないが、もち米にはアミロースがなくアミロペクチンで成り立っているくらいは推察できていた。

「もち米は高価でしょう」と、おもむろに返したのだった。

ところで、耐性デンプンは、うるち米ごはん文化の生活の中心的存在である。よく噛んでください、と言われる根拠でもある。耐性というのは、アミロースは消化されにくいということである。

この消化耐性は腸内のデンプン消化細菌にとっては重要で、しかも人体の健康にも大切なのである。デンプンが大腸内で発酵されると、プロピオン酸がたくさんできることが明らかにされているからである。プロピオン酸はバクテロイデスが主な生成細菌と考えられている。

プロピオン酸の機能についても研究がすすめられて、肝臓でのコレステロールの生成が抑制されることがわかってきた。高血圧の予防に役立つと考えられ、心臓血管の健康維持には好ましいというのである。

デンプンは高分子で、ブドウ糖から成り立っている。セルロースもブドウ糖から成り立っているが、ブドウ糖の結合の位置が違うのである。

そのために、セルロースは人体では消化されない。アミロースが消化耐性といえども、消化はされる。消化が遅れるだけである。一方、細菌（嫌気性細菌）にはデンプンを消化できるものがたくさんいる。

ところで、餅を詰まらせての死亡事故が、毎年正月にはニュースになる。私の子供時代にはもち米だけの餅も、わが家で搗《つ》いていたが、うるち米のくずを混ぜた「小米もち」も搗いていた。これなら、のど越しがいい。のどに詰まらせることもないのだが、正月の事故ニュースを見るたびに、思い浮かべる。

アミロースはアミロペクチンより消化されにくく血糖値も上がりにくいので、糖尿病治療や予防に、高アミロースデンプンの開発が進められている。

# 腸管の部位的な発酵の違い

腸管は小腸、盲腸、結腸、直腸と分けられる。結腸はさらに、近位部（上行結腸）、中位部（横行結腸）、遠位部（下降結腸）に区別される。結腸がんは上行結腸のほうが悪質だといわれている。

そこには、腸内細菌の面からも関連があるのではないかと、推察される。それはあとでとして、小腸、盲腸、結腸と、大胆な色分けで見ると、そこに働く腸内細菌の生産物質には多少の差異が見られるように考えられるのである。

小腸は乳酸、盲腸と結腸近位部は酢酸、結腸中位部はプロピオン酸、結腸遠位部は酪酸、と色分けできるのではと考えている。もちろん、仕切りがあるわけではないので、クリアカットにはいかないが……。

物質的には、単糖類（ブドウ糖、果糖など）と二糖類（乳糖や砂糖など）は乳酸産生、オリゴ糖は盲腸、大腸近位部で酢酸、デンプンは大腸中位部でプロピオン酸、セルロースは遠位部においては酪酸、おおざっぱだが、そのように見たらどうか。

大腸内の嫌気度の違いにも関係している。それぞれ違った嫌気度要求性を示す嫌気性細菌によって利用されるのである。細菌の種類に応じて、より盛んに作られるものが違ってくるという意味である。また、酢酸、プロピオン酸、酪酸の機能には違いがある。

前述したようにラットの実験で、ペクチン投与では酢酸が大量に生成され、結腸がんも発生率は顕著に高くなるとデータは出されているのである。ヒトの上行結腸のがんは危険だといわれていることと無関係ではないのだろう。

酪酸は、がん細胞に対して抗がん的に作用することがわかっている。酪酸はセルロースが発酵され作られる傾向があることも示された。食物繊維のうち、不溶性の繊維、セルロースが多い食品の摂取が注目されてもよいように考えられるのである。

# 母乳と人工乳は腸内の嫌気度の違いを生む

母乳か人工乳か、その違いは腸内フローラに、思いのほか影響があるのだ。例えば、明瞭な点がまず挙げられる。大便の有機酸の構成に認められる。イギリスの学者が発表している。母乳栄養では有機酸は乳酸と酢酸なのだ。それに対して、人工乳では乳酸、酢酸の他に、プロピオン酸、酪酸が検出される。

母乳の場合の酢酸と乳酸は、主としてビフィズス菌と腸球菌の代謝活動によってもたらされたものだ。一方、人工乳では、ビフィズス菌以外の嫌気性細菌が定着して、それらの代謝活動があることを示している。

つまり、人工乳では、腸内フローラの構成が大人に近づきつつあることがうかがえるのである。

なぜ、そうなるのか、理由がある。それは腸内の嫌気度の違いが母乳栄養と人工乳栄養間であるということである。この点はあとで述べる乳児ボツリヌス症と関係する。

人工乳栄養では大腸の嫌気度が強まることが明らかにされている。そのために人工乳栄養では嫌気性細菌の定着が進んでくるのである。数値は前に示した。酸化還元電位が母乳ではプラスにとどまるが、人工乳では早々とマイナスになってくるのだ。

つまり、母乳栄養では嫌気度が弱くて、ビフィズス菌以外の嫌気性細菌の定着が遅れるのである。それが有機酸の違いとして認められるのだ。

先にも述べたように、ビフィズス菌は嫌気性細菌であるが、酸素に鈍感なために、乳糖に素早く反応できるのである。

# 乳児ボツリヌス症

腸内の嫌気度は乳児ボツリヌス症の発生にも関係している。

乳児の腸は思いのほか、複雑なのだ。

乳児の栄養学面上、消化、吸収は遺伝的支配下にあって、原理は同じはずである腸管内部は細菌の生態がかかわってくるので、油断できないのである。

埼玉県の栄養士会で講演をしたことがあったが、長老の婦人栄養士は生態学は面白くないと、非難するように私に面と向かって言うのであった。

そんな面もあるのであろうが、決しておろそかにはできない現象がそこにはあるのだ。知らぬが仏なのだ。

ところで、乳児ボツリヌス症であるが、この病気はボツリヌス菌の腸内感染によって発生する感染症で、特異的だし、個人差が出やすい現象でもある。

通常、ボツリヌス菌は嫌気性細菌であるが、腸内では増殖できないものである。したがって、成人がボツリヌス菌に感染することはない。腸内常在の嫌気性細菌が盾になってボツリヌス菌の増殖を抑えるのだ。

ただ、母乳栄養の乳児ではビフィズス菌がすでに生息しているが、それだけでは盾としては弱いのである。それでも、ボツリヌス菌の増殖は防御される。前項で腸内の嫌気度が弱いと述べた。ボツリヌス菌は嫌気性細菌で、侵入してきても容易には増殖できない。そのうえ、ペーハーもかなり低いのである。

しかし、人工乳に切り替わると、フローラの形成が大人型にゆっくり向かう。そこに齟齬が生じるようである。先に述べたように、お母さんからどーっと腸内細菌が口から入っても、フローラの形成は順序だって流れる。感染防御に役立つ嫌気性細菌の定着はすぐには起きないのである。

そのようなとき、齟齬が生まれるということだ。すなわち、人工乳栄養では嫌気性細菌の定着に好環境になりつつあるのだ。この隙にハチミツとともにボツリヌス菌を摂取すると、ボツリヌス菌の増殖には好都合なのである。高めのペーハーも幸いする。

主要な腸内嫌気性細菌はビフィズス菌を除くと、定着は遅れることは述べたが、人工乳に応じて嫌気度が強まってくる。そこにボツリヌス菌の侵入のタイミングが重なる。つまりまだ常在の嫌気性細菌が希薄な状態とあいまって、ボツリヌス菌が感染増殖し発症する感染症だ。

年齢的には乳児ボツリヌス症の発生は、生後半年以内が発生の条件には適しているとみられる。アメリカでの発生率を見ると、90%が生後20週までに起きている。

1歳まではハチミツを与えないようにというのには、以上の理由がある。

加熱すれば、ボツリヌス菌は死ぬと思われるだろうが、これは誤解である。ボツリヌス菌は耐熱性の芽胞という種子を持っている。煮沸で死滅すると思ってはいけないのである。むしろ、加熱は芽胞を刺激して、発芽を促す怖れがある。

ハチミツを与えるときに、お母さんは加熱する。そうすると、芽胞は発芽しやすくなり、危険が迫りくるのである。もちろん、大人型のフローラになっていれば大丈夫だが、それには個人差があるのだ。

食品衛生学に通常登場するボツリヌス食中毒は周知されているだろうが、食品中の毒素によるものである。

乳児ボツリヌス症はボツリヌス菌の腸内感染症である。ボツリヌス菌の増殖で腸内にできる毒素の吸収による中毒である。いわゆる、食中毒とはちょっと異なるのだ。

栄養士さんに叱られそうであるが、脱線を一つ。そもそも、人工乳栄養にするという行為は牛乳であれ、粉乳であれ、歯がないために、流動食を与える行為を意味している。それでも哺乳行為とするのは勘違いがある。私の思惑であるが。

# からしレンコン事件

ボツリヌス菌は細菌兵器に利用されると噂され、怖れられる病原細菌だ。ところが、一般的には知られていないだろうが、いたるところにボツリヌス菌は生存している。芽胞は環境に耐えるようにできている。特に土の中、陸の土中、海のヘドロの中にいてじっとしている。なぜこういうことをするのか不思議な細菌であるが、今さら人間にはどうしようもないのだ。人類発祥以前の自然の出来事の一つと考えられるのだから。砂埃に乗って移動するのも自然である。

ハチミツだけでなく、食品には埃とともに、ボツリヌス菌がくっつく可能性はある。おぼえているだろうか、からしレンコン事件のことを。この中毒事件は千葉県で発生した。もちろん、千葉ではからしレンコンは作っていない。熊本の特産品で、土産物から発生した事件である。

賞味期限は長く、製品は真空パック状態になっている。したがって、条件が整えられるならば嫌気性細菌が増殖するには良い条件である。もちろん、加熱してあるので、めったなことにはそういうことはあり得ないはずである。

この調査に私も関与したが、からし粉にボツリヌス菌が紛れ込んでいたことが判明した。加熱されたのだが、むしろそれで、ボツリヌスの芽胞、種子が発芽したのだろうと結論された。

芽胞は加熱すると、出芽しやすくなることは専門家の間では常識になっている。また、ボツリヌス菌の毒素生成は30度くらいが盛んになるともいわれている。

成人では、ハチミツを加熱して飲んで、仮に芽胞が発芽しても、腸内の嫌気性細菌集団が防いでくれるということは先に述べた。この中毒事件は偶然が一致して、製品の中でボツリヌス菌が増殖して、毒素が生成されたために起きた事件であった。熊本のからしレンコンは特産品であって、過度の心配は不要であるが、早めに食べるなら、さらに良いだろう。

# 出血性大腸菌Ｏ１５７

病原大腸菌Ｏ１５７については語りつくせないほどである。

すでに、短鎖脂肪酸の実験のところで触れたが、Ｏ１５７食中毒は堺市の大事件が有名である。１９９６年の夏のことであった。

この時、カイワレが原因食品とされた。だが、Ｏ１５７がカイワレから検出されたわけではない。推計学的検討によって原因食品にされたのだ。カイワレを食した子供に高率の発生が見られたからだ。

この時、知られていない事実もあった。

同じく推計学的に、牛乳が原因食品に推定されたという事実である。もちろん殺菌されているのだから、牛乳中にＯ１５７があったはずはない。だが、推計学ではプラスに出たのだ。

推計学が間違っていたのであろうか？　方法は、伝統的に行われている「χ《かい》二乗推定法」である。食中毒が発生して、原因食品が発見されない場合にとられる手法だ。「食中毒事件簿」という年報が発行されている。ここに、この推定法が用いられているのを見ることができる。だから、明らかに、牛乳摂取が何らかの理由で絡んでいると見なければならないように思われた。

飛躍するようだが、牛乳の乳糖がO157の増殖を促進したのだと考えられるのだ。こういうことを栄養士会の集会で話したことがあった。その時、中央の役人が「そんなことを言ってもらっては困ると、クレームがついたんですよ」と告げるや、栄養士の多くから、驚きのどよめきが発せられたのだった。それが私に同情的に聞こえたのは、私の意見に賛成と聞こえたからでもある。

また、「ユッケ事件」があった。生肉を食べさせて、子供や年寄りが感染し、死亡者も出た。生肉を食べさせ、また、食べるなんて、世間では食通らしいが、親が同席していたのだ。驚きだ。危険を承知していなかったのであろうか、無謀な食通である。子供や年寄りは免疫力が弱いと、よく語られるが、牛乳のような食べ合わせもあり得るように思われるのである。実際はどうだったのであろうか？　牛乳メーカーには迷惑をかけるようで気が引けるが、考慮に入れた方がよいであろう。

肉類からの乳酸菌の検出、緑膿菌の検出のデータについては、すでに述べた。刺身(魚)は非常に衛生的なので、付け加えておきたい。

何しろ、食品の表面にはたくさんの細菌がくっついている。病原菌よりはるかにたくさんの細菌が自然の周囲環境にいるのであるから当然だ。例えば、白菜の浅漬けを購入してきて、台所の床に置いていると、乳酸菌が増殖してきて、発酵する。

漬物ができるのは、そういう原理に基づいているのである。植物性、動物性など、食品の由来により雑菌は異なる。

O157は、食品にちょっとばかり付着していても、その食品を食べると感染することがあり得る。だが、食品に付着しているごく限られた菌数の細菌を検出するのはすこぶるむずかしいのだ。周りにたくさんの細菌がくっついているのだから。

O157が感染すると腸は出血する。赤痢菌の毒素と同じものを生成するのだから当然と言える。ちなみにO157のOは菌体抗原の型を示している。非病原性の大腸菌にも番号がついている。O157は感染力も赤痢菌のように強い。だが大きな違いがある。O157と赤痢菌の決定的な差は乳糖を利用できるかどうかである。O157は乳糖を利用するのに対して、赤痢菌は乳糖を利用できないのだ。

# 栄養士さんはメニューづくりの達人

栄養士さんは栄養素の所要量と食品の種類に首ったけのようだ。細かな数字の羅列がノートを埋めている。栄養素の所要量は必須だが、食品の種類は30種類必要だといわれている。これらの組み合わせを構想して、メニューを組むのである。

ある時、ノートにびっしり記されている数字の羅列をのぞき見して、ちょっと驚かされたことがある。栄養士さんって、実に気苦労が多く大変なのだと敬服したのだった。

料理人はその点、大まかだ。料理の本はたくさんある。図書館で、なぜか違和感を覚えることがある。有名な『きょうの料理』という雑誌のことだ。図書館で借りようと思って行ってみると、いつ行っても、書棚に載っていないのだ。

最新号はもちろんある。が、既刊のものがめったに棚にない。あるとすれば、半年前の号だったり、1年前のだったりである。予約者が常連化していて、寡占状態になっているのである。

余話が過ぎたが、私は土日にブランチを作るのに料理本を借りてきたりするが、栄養学的なことは、ほとんど書かれていない。

それでよいのであろう。楽しく、おいしくいただけるように調理できればよいのである。料理本はそういうものらしいのだ。

腸内フローラにどのように影響するかなんて、他の専門家に任せるものなのだろう。他の専門家はどこにいるのだろうか？　善玉、悪玉だけの世の中である。それも9割が悪玉という専門家だったりする。今まで述べたことを考えていただきたい。私の見解からは、どこにもそんな理屈は出てこない。そこで、私のように多少腸内フローラをガジガジかじってきた者が触れる必要を感じたのだ。栄養士さんは、先ほどの数値が並んだノートづくりが使命でしょうが……。

## ウサギは草食動物

はじめのほうで触れたが、もう一度触れておこう。草ばかり食べて、体ができるウサギ、ウシもそうだ。ウマも。

胃が一つの点はウサギ、ウマが人間に似ている。

そのウサギもウマも大きい盲腸や結腸を持っている。雑食性の人間と多少違うのだが、とにかく、草を食べて、立派な体になるのだから、腸内フローラが役立っているのだろう、と容易に想像できるのではないか。

もし人間が草食動物だったら、きっと栄養学でも、腸内フローラに関心を持つであろう。当然、栄養士さんのノートの数字の組み合わせは、もっと簡単になるだろうと思われる。人間にも菜食主義のヒトたちがいる。しかしながら、菜食主義者は、草食動物に栄養学的にほんの少し近いだろうが、ウサギにはなれないのである。なぜなら、すでに形成されたフローラが全く違うのだから。

とにかく、草食動物のウサギをここに登場させたのは、腸内フローラについては、草食性でないにしろ、雑食性の人間についても、少し興味を持っていただきたいという気持ちからだ。

ウサギの大腸のビフィズス菌はどうかと気になるところだろうが、草食動物にはビフィズス菌はいないのが正常なのである。ウマ、ウシもそうだ。前にも述べたが、ウサギは大きな盲腸を持っていて、赤い細菌の嫌気性細菌ばかりの、ビタミン類やアミノ酸などを豊富に含んでいる盲腸便を排泄し、食べて、栄養素を補給する習性を持っている。

ラットでは、ビタミン補給のテストでテイルカップ法と呼ばれる実験方法がある。尻にカップをつけて糞を食べられないようにすることで、糞からのビタミン補給を証す実験方法である。

ところで、ウシは糞を食べないが、ルーメン（第一胃）がウサギやウマの盲腸のように機能している。その上、反芻する習性を持っている。ルーメンではたくさんの嫌気性細菌が代謝活動をしているのである。草を食べて、酪酸などのエネルギーになる短鎖脂肪酸を生成するだけでなく、ビタミン類も生成している。栄養学的に効率よい草食動物である。

## 食物繊維の評価

以前兄嫁にあったときに、彼女が言うには「あれはどうも飲めないの」と。流行っている青い飲み物である。

テレビの宣伝には恐れ入るのだった。日本人は、昔は繊維質の豊富な食品を食べていたという触れ込みである。学者もそう言っている人が多かったように思われる。思い込みであったようなのだが……。

昔、食物繊維は便を形成するのに重要な成分と考えられていたのは事実だ。便通がよくなると評価されてきたのである。

20グラム程度はとった方がよいといわれていた。それでかどうか、牧草みたいな草を粉末にして摂取すれば、不足分が補えるという触れ込みであったのではないか。

ところが、今や、1日野菜350グラムを食べましょうとなってきた。私は以前から、食物繊維20グラムの摂食は、むずかしいと思ってきた。これでやっと安心だ。機会ある毎にそういう話をしたりしてきたからである。

食品の繊維素の含有量から、20グラムをとるには野菜類では、大変なのである。それで、サプリメントが喧伝されてきたように考えていた。野菜の繊維質は1～3％である。計算してみていただきたい。どれほどの野菜を取らなければならないのか、恐ろしくなるだろう。とにかく、ようやく正常な軌道に乗ってきたようなのである。

## 食物繊維はおならの原料

ちょっと気になるのは、難消化性の食物繊維やオリゴ糖類はおならのもとになりうることだ。昔から豆を食べると、腸内にガスがたまり、おならになると言い伝えられていた。その原因は腸内細菌の存在である。

現役時代、研究室に医者から電話が入ったことがあった。女子高校生で、おならが100回も出ると言って悩んでいるというのであった。原因はどうかよりも、おならを排出するのが怖くて、小出しするためではないかと、後になって思ったことがある。

腸内のガス成分は窒素ガスが大半。これは空気由来である。一方、大腸内には酸素ガスはごく微量である。好気性細菌によって消耗されるので当然でもある。

腸内細菌による生成ガスの主要なものは二酸化炭素、メタンガス、水素ガスの三成分である。

もちろん、食べ物の種類や個人差によって、ある程度の振れはある。豆類にはスタキオースやラフィノースなどのオリゴ糖が含まれていて、ガス生成の原料になることが知られている。

牛乳でも乳糖不耐症のヒトでは、二酸化炭素と水素ガスがたくさん作り出されて、おなかが張ることがある。その二酸化炭素と水素ガスからメタンガスは作られるが、メタン生成細菌は嫌気性細菌で家族性があるというデータがある。ウシはメタンガス産生動物であって、温暖化効果ガスの元凶のように言われたりする。

窒素ガスは大半が空気由来であり、腸内には量的にはわずかだが、腸内細菌による硝酸塩からの窒素ガス精製も認められている。

おならは臭いという恐れから我慢すると、ガスがたまって、おなかが痛くなったりするし、小出しになって1日に100回もということになったりする。

たしかに、おならのにおい物質は腸内細菌が作り出す。微量でも揮発性で、においが拡散する恐れがある。例を挙げておくと、次のようなものだ。アンモニア、硫化水素、インドール、スカトール、アミン類、短鎖脂肪酸などである。

発酵乳や乳酸菌飲料が大便のにおいを抑えることは、しばしば耳にする。発酵乳が腸内細菌の代謝を抑えていることを示している。

## 日本食の良さと腹八分

日本が長寿国なのは日本食のせいだろうか。ヨーロッパでは大変な人気になっているると見受ける。

この長寿をもたらす原因は食事にあるのだろうか。シンガポールも長寿、アイスランドも長寿国だ。海に囲まれて、魚介類をたくさん消費するからなのだろうか。

昔から日本では、「腹八分」という教訓があって、少食が多かったのではないか。この伝統が医療の進歩と相まって、長生きに向かったのであろう。

文献をあさっていると、特にエネルギー源の制限が長寿につながるというデータが多い。動物実験でも証明されている。主なエネルギー源は脂肪だ。脂肪分の取りすぎは過酸化脂肪酸、フリーラジカルの発生につながり、老化につながるという理屈である。ダイエット、「腹八分」が長寿をもたらすと考えられるのだ。

腸内フローラについて、私はラットで行ったことがある。データは専門誌に発表しである。

普通に食べさせたラットと、その6割程度に制限して給餌したラットの比較実験である。フローラの様相に歴然とした違いが認められた。ビフィズス菌、バクテロイデスなど、嫌気性細菌が菌数的に優勢であった。これが健康にふさわしいとは言い切れないが、悪くはない現象であった。

食事制限は他の栄養成分も制限されるので、ビタミンについても調べてみた。ビタミンミックスの量は通常1%のところ、0・3%に極端に減らした時のフローラを検査比較した。後者ではビフィズス菌が対象より多く、その他の嫌気性細菌も、しっかりしていた。明らかに、私の眼には最も健全な様相を示していたのだ。

フローラ面から見ると、ビタミン類の取りすぎにも気を付けるのが、健康には大切に思われた。

精神的に忍耐強いのも無関係ではないかもしれないように思われる。ストレスに強いのは重要だろう。日本人はその点、しっかりしているのではないだろうか。

東日本大震災、あの時、日本人は反乱を起こしたりしなかった。忍耐強いのだ。ストレスに強い遺伝子を備えているのではないか。

忍耐強いことと腸内フローラとどう関係するかについては、正直わからない。食事の内容を加味することで、ある程度、理屈に適う原理が潜んでいるのかもしれないと思うのだが……。

話は少しずれるが、マウスの寿命を調べて、メスが長生きだというデータがある。人間も同じである。ところで、同じ学者が無菌マウスでも追跡している。それによると、逆に無菌マウスのオスがメスより長生きと出たのである。有菌マウスと無菌マウスとの比較では、無菌マウスが長生きということも、同時に明らかにされている。メスは無菌だと150日、オスは240日ほど長生きになったというデータである。目を見張るようなデータだ。メスは腸内細菌の機能を有効に使う能力があるのだろうか。

人間も、女性が長生きだ。男性は、もちろん無菌になれることはあり得ないが、それに近づくような方策をとれば、長生きになるのではないだろうか。

食事を制限し、ビタミンの摂取量を必要最小限にするなど、暴飲暴食を控えるのが、一つの方策かもしれない。男性と女性は食事の内容が同じでよいという理屈は、必ずしも正しくないのかもしれない。

# 肉食獣は変わっている

ネコ、イヌの腸内フローラ構成は変わっている。

一部の専門家が悪玉と唱えるウエルシュ菌が、構成面において主要な嫌気性細菌となっているのだ。また、大腸菌や腸球菌も非常に多く、主要な菌種になっている。ミンクも肉食性で、ネコ、イヌと同じような構成になっている。ビフィズス菌は非常に少ないか、検出されないのが普通の状態である。

私の友人が肉ばかり食べて、体重が減少してきたと言っていたが、きっと、ウエルシュ菌が増加していると推察して正解であろう。

ウエルシュ菌は肉成分の何かが大好きなのであろう。イギリスの研究者がラットに肉類の高たんぱくの餌を与える実験を発表している。その実験でも、ウエルシュ菌が顕著に増加することが証明されている。

ウエルシュ菌は肉が好みのようだ。肉食獣は敏捷に運動する。それが生活に必要なのである。獲物を捕獲するのに瞬間のスピードがいるからだ。体形もぜい肉は禁物であるのが普通だ。

ボクサーには肉食が大切な条件であるのは当然である。スポーツ選手は肉料理で体形を維持、体力も維持するのが普通のようであるからだ。敏捷さを維持するために必要なのだろう。スポーツでは体重制限のために糖質、デンプン類の摂取を抑制するのが常識のようである。

糖質が肥満につながるというのがこのごろのトレンドになっている。ウエルシュ菌の増加が体重コントロールにかかわっているのかはわからないが、興味がある。量も豊富な肉料理主体の食事をすると、糞便のにおいはきっときついものになる。においがきついと不健康かというと、それは早計に思われるようで、研究を要する。

ただ、トイレにきついにおいを残すのは、後の人に迷惑をかけるのは必定だ。

# ゼラチンはダイエット食品？

肉料理は肥満防止になるというようなことを述べた。肉はたんぱく質だ。ゼラチンもたんぱく質である。ゼラチンは知る人ぞ知る、特殊たんぱく質である。

だが私たち細菌学者には親しい物質だ。その特殊性を生かした試験管内実験がある。腸内細菌のタンパク分解活性を調べるときにゼラチンが使われる。ゼラチン培養液に細菌を接種し、ふ卵器（37度）で培養後、冷蔵庫内に置く。たんぱく質分解性プラスであれば、冷やしても固まらない。明瞭な試験である。

ところで、私はたんぱく源として、ゼラチンをマウスに与える実験を行った。するとフローラに面白い現象が見られたのである。

動物実験では精製飼料を基礎飼料として、25％ゼラチンをカゼインの代わりに与える。併せて、カゼイン、卵白、ミートを比較として与えた。

栄養士さんはよくご存知だろうが、ゼラチンはトリプトファンを含まないたんぱく質である。

トリプトファンは必須アミノ酸であるから、体がまともに成長しない。ダイエット食品の候補に挙げられそうである。食事療法として、ダイエットに一時的に利用できそうに思われる。

本題の腸内フローラの様相はというと、特徴的であった。ビフィズス菌が顕著に増加したのである。ゼラチン群で、なぜビフィズス菌が著しく増加したのかははっきりしない。が、ビフィズス菌の顕著な増加はビフィズス菌を称賛する科学者には好みのうれしいデータであろう。

トリプトファンによる顕著なフローラの変化は、他にもあった。バクテロイデスが顕著に減少したのである。この細菌がビフィズス菌の増殖を日頃、抑制する細菌なのかもしれない。

実際、ゼラチン群のマウスに、トリプトファンの水溶液を与えると、ビフィズス菌は減少してきて、バクテロイデスは顕著に増加してきたのである。両菌種間には相反する影響を本質的に示す間柄と考えられる。

卵白群では、ビフィズス菌は全く検出されなかった。ミート群でもビフィズス菌は検出されなかった。その上、ミート群ではバクテロイデスが最高値に増加を示した。このようなデータもバクテロイデスがビフィズス菌の増殖に何らかの影響力を有しているいると思われる。

## 難消化性の食材と腸内フローラの絆

難消化性の食品成分が腸内細菌に利用される場合、腸のどこで、どのあたりで利用されるのか興味を抱かれるのでは？

私は、ラットで実験し、発表もしたが、オリゴ糖のフラクトオリゴ糖と不溶性の繊維質セルロースを比較してみた。

オリゴ糖は盲腸でよくフローラに利用されることがわかった。一方、セルロースは結腸で利用されることが明らかだった。

すでに述べたかもしれないが、ペーハーを見ると、オリゴ糖群は盲腸において糞便より低いのだ。それに対して、セルロース群は糞便において、より低いのであった。

オリゴ糖も、セルロースも、腸では消化できない、いわゆる、難消化性である。ペーハーが示した点は、オリゴ糖は比較的に大腸の上部、多分小腸下部でも利用されやすく、セルロースは後部大腸で利用されやすいと解釈できる。

ビフィズス菌はオリゴ糖をよく利用する。対照に比べると１００倍以上も菌数の増加が見られた。盲腸付近でオリゴ糖がビフィズス菌によって利用されたと考えられるのである。

一方、セルロースは嫌気度要求性の強い細菌によって、結腸の後部で利用されると考えられる。セルロース分解性細菌はセルロースに付着し、分解酵素を分泌して消化する。

もちろん、セルロースの分解はそれだけにとどまらず、派生的な影響が生まれる。分解されて低分子になることで、周囲の細菌によって利用されるのである。

人間がウサギだったら、と栄養士さんや料理人さんはウサギの毛づやをよくするような献立を考えるだろう。

夢のような話だが、人間が草食獣だったら、腸内フローラがもっと評価されるのは必定である。しかし、前にも触れたが、菜食主義者はすでに、腸内フローラの構成が草食性になっていないので、フローラ面から考えるなら、無理があるように思ってよい。

# 腹八分目

今の世の中、不思議だらけだ。

友人が肉ばかり食べたら、本当に体重が数キロも落ちたと、威張っていた。私は驚いた。糖質は太る要素だというのだろうか？　そうではないだろう。偏食による栄養学的な異常のための体重減少かもしれないのだ。

本当かどうか不思議だが、腹八分目の食事が健康にはよいと昔から言われている。どのようによいのか、実のところ疑わしいのだが、わたしは腸内フローラの生態を調べるために、動物実験をしてみたことがある。このデータは英文雑誌に発表しているので、見ていただければ納得されるであろう。その実験とは、ラットに通常自由に食べる量の60％の餌を与えるものだ。腹八分目のために。

調べた結果、腸内フローラは健全な状態を示していた。当然、体重は飽食ラットより落ちる。腹八分は医者いらずの食事療法みたいだ。

肉料理を腹いっぱい食べても体重は減少したという友人の話は現実であろう。事実は事実なのだ。だが、短期的には体重が落ちてうれしいことであるとしても健康な食事かは疑問が残る。

アメリカの日系人は胃がんが減少したが、大腸がんは増加したのである。今の日本でも、胃がんが減少し、大腸がんは増加してきた。食生活のスタイルが西洋化したためのようだ。

食べ物は腸内フローラの活動に影響する。たくさんのデータが報告されている。栄養士さんがフローラなんて面白くないと言ってもだ。

フローラは外国の栄養学の主要なテーマになっているというのに。外国の栄養学専門誌にフローラの実験データの報告が近年増えているのは否定できない。

ところで、モントリオールの国際栄養学会に出席したことがある。オリゴ糖と腸内フローラについて発表したのだが、会場を見まわして、驚くべきというか、うかつだったというべきか、世界には貧しい国があって、栄養不足や栄養失調の問題が日々重大な課題になっているのを思い知らされたのであった。

オリゴ糖の実験はすこぶる甘く、贅沢な走りだったように恥じ入ったのだった。

## 腸内フローラはネットワーク

先に、食物繊維とデンプンについて述べた。デンプンは消化吸収されるが、消化をまぬがれるときもある。特にアミロースがそうだ。これは大腸に至る。研究によると、その量は1日18ないし40グラムほどに上るというのだ。そこで腸内細菌の餌になる。食物繊維はデンプンよりさらに消化されない物質である。食物繊維は、便の形成に役立つ物質として、昔から評価されていたが、何年か前から腸内細菌によって分解されて有機酸になり、吸収されてエネルギー源になると評価されるようになってきた。エネルギー全体の8％にも上ると計算されている。

当然だが、デンプンも食物繊維も、生まれてくる有機酸は様々な活性を示すことがわかってきている。料理人はそんなことは気にしないとしても、栄養士さんは無視するわけにはいかない。

デンプンも食物繊維も、高分子である。大腸内で嫌気性細菌によって加水分解されて、低分子にされて最終的には吸収される。低分子になると、それを利用する細菌が集まる。単糖になる。するとフローラの活性化を促す。

それだけではない。単糖、例えばブドウ糖は分解されて短鎖脂肪酸になり、腸管から吸収される。そして、エネルギー源として消費される。体内で生合成の素材になる。ブドウ糖から、さらに二酸化炭素や水素ができる。ほとんど最終物質と思われる。ところが腸内にはこれらの成分を利用する細菌が生息している。そしてメタンガスが水素と二酸化炭素から作られたりするのだ。

腸内では、高分子の食物成分から食物連鎖ができているのである。それをネットワークと私は呼んでいる。

たんぱく質も大腸内には入ってくる。食品由来だけではないのだ。と言うのは、腸の粘膜細胞は数日単位で更新する。すなわち腸粘膜の上皮細胞は剥落して腸内細菌のたんぱく源になるのである。

たんぱく質は高分子だ。それにまつわる細菌の種類は当然、数限りないのである。そこには食物繊維と同じように、食物連鎖、ネットワークが生まれて当然である。

そして、アミノ酸にまで分解されると、さらにアミノ酸が最終的に脱アミノされたり脱炭酸されたりする。腸内でくり広げられる現象である。

脱アミノではアンモニアができる。アンモニアは毒性を持っていることはすでに述べた。がん細胞はアンモニアに耐性だとわかっている。高たんぱく質の食事では、こうした危険が強まるのである。

脱アミノによっては、短鎖脂肪酸ができる。それらは揮発性でにおい物質である。短鎖脂肪酸には吉草酸、イソ吉草酸、酪酸、イソ酪酸など臭い物質である。臭い成分とはいえ、有益な物質である。イソ吉草酸はアミノ酸のロイシンの脱アミノから出る。臭い物質だが、ごく微量の効果は予想以上になることがわかっている。例えば、トマトのおいしさはイソ吉草酸によるとされている。少し、におい物質を挙げておく。イソロイシンから吉草酸、バリンからイソ酪酸、リジンから酪酸ができる。有機野菜や果物がおいしいことに関与しているようだ。

また、脱炭酸によって、アミンができる。これは生物活性を示して、体の生理機能に影響する。時には精神的な異常反応を引き起こすことも挙げられている。ヒスタミンがアミノ酸のヒスチジンからできるが、ヒスタミンは皮膚の炎症だけでなく、神経伝達による異常心理を引き起こすといわれている。脱炭酸によってできる例を挙げておく。チロシンからチラミン、アルギニンからアグマチン、オルニチンからプトレシン、リジンからカダベリン、トリプトファンからトリプタミン、グルタミン酸からγアミノ酪酸ができる。

現代の贅沢な食事の典型的なものは高たんぱく、高脂肪の食事だろう。

ここにもネットワークがあるように考えられるのである。消化能力を超える高たんぱく食の摂取は大腸内のアミノ酸の細菌による代謝に拍車をかけることになる。

その上に、高脂肪食である。高脂肪食では何が問題かというと、脂肪の消化には胆汁の分泌が欠かせない。その主成分の胆汁酸は肝臓で生成され、一次胆汁酸と呼ばれる。胆汁酸は脂肪の吸収を助けるために、グリシンやタウリンが結合した抱合胆汁酸として胆管から分泌される。抱合胆汁酸塩が脂肪の消化吸収に働くのだ。

ところが、その抱合が細菌によって切り離されることが多く（脱抱合という）、遊離した胆汁酸は細菌によって、二次胆汁酸に変換される。

二次胆汁酸は毒性があり、また発がん促進作用が認められていて、問題なのである。

濃度が高まると、当然刺激が強くなるし、がん促進性を高めることになるのである。

二次胆汁酸と発がんとの関係について、ある研究では、大腸内の水分中のその濃度が危険だといわれている。

その研究では大便を採取して、遠心分離機にかけて、固形分と水分とに分けられる。それぞれ胆汁酸の濃度を測定する。水分中濃度の高い方が危険だというのだ。つまり、水分に含まれる二次胆汁酸は粘膜と接触されやすいのである。固形物のほうにとどまれるものは排泄されて、粘膜に対して危険性は軽くなるというのだ。

このようにして、結腸がんの発生を促進するという理屈である。食物繊維は、そこに働くことが考えられる。食物繊維は物質を吸着する性質を持っている。危険な胆汁酸を吸着して、排泄が促進されるからである。

とにかく、私はこうした細菌のつながりを発がんネットワークと呼んでいる。

ビフィズス菌をひいきにしている学者は、私の意見に眉を顰めるかもしれないが、現実は無視できない。ビフィズス菌は抱合胆汁酸を脱抱合する作用が強いことがわかっている。もちろん、脱抱合はビフィズス菌だけではなく、腸内の嫌気性細菌が脱抱合機能を持っている。だから、食事の質と量の適正化は思いのほか重要なのである。

# 生物進化

腸内フローラを考察するとき、私は生物進化の歴史に思いをはせる。大昔は嫌気的世界である。酸素がない時代が長く続いたのだ。その間、嫌気性細菌は複雑に進化してきたと容易に推察できる。だが、藍藻に似た生物が酸素を作り出して、好気的な世界ができ、生物進化はグーンと進んだ。嫌気性細菌も環境に適応する変異を重ねてきたと思われる。

酸素があふれ、その量が現在の3倍ほどにまで上がった時期が到来すると、好気性細菌の進化が進んだ。動物の進化が進むうちに、嫌気性細菌は、地中、水底の泥に住み、後に動物の腸内に住み処を見つけて、共生生活を営んで、進化したのである。

当然、腸内にいて細菌が動物に影響し、進化に影響してきたのである。ウサギのような草食獣とネコのような肉食獣はフローラに明瞭な違いがある。腸内で生成される物質にも違いが生まれて種の進化に働き、自然に適応してきたのだ。腸内には病原細菌の侵入もある。それに抵抗できる腸内フローラの構成も進化してきたのである。

アンモニアの話をしたが、アンモニアは有毒で、がん細胞はより耐性で、問題だと述べた。その解毒のために、肝臓で、アンモニアから尿素が合成されて、排泄される。器官の機能も腸内細菌が何らかの働きかけがあったし、さらに進行形で考えるのがふさわしいと思われるのだ。

こうして、細菌の代謝産物と体の相互作用が進化の過程で生まれ、また動物は進化してきたと考えてもよいのではないか。

哺乳類は恐竜が滅びて以降、急速に繁栄してきたといわれる。恐竜が滅びたのは6500万年も前のことである。

マウスとラットが生まれたのも1000万年前と、核酸の分析によって考えられている。チンパンジーからヒトの先祖が分かれたのが2000万年も前である。大腸菌とサルモネラの出現はさらに前だといわれる。

嫌気性細菌の進化はどうなっているのか、わかりかねるが、地球の初期は嫌気性環境である。歴史は、はるかに長いのである。好気的環境の受難において、新たに進化があったのであろう。乳酸桿菌、ピロリ菌は偏性嫌気性細菌ではないが嫌気的環境を好むのも、大気の変化が影を落としているとみられる。

腸内フローラに勧善懲悪のドラマを持ち込むのは自由であるが、深く考えて、実験を積んできて、そんな単純な結論は出せない。ＣＲＢのことを示したが、このＣＲＢを構成する細菌が動物の体の生理の動的平衡性（ホメオスタシス）に関与している意味は進化の長い歴史の中で、偶然生まれ積み重ねられて、役立つ細菌群となってきたとみなされるのである。

腸内細菌を善か悪かの色分けにするのは自然に沿った考えではないのは明らかである。また、ビフィズス菌が新生児の健康を守る重要性も述べたが、人類は新生児の病死があれば進化はつながらないわけで、重要な細菌であるのは間違いない。

## きれい好きは善だろうか

現在、非常に清潔な環境があって、腸内フローラの形成がおかしくなっている。意識されていないであろうが、現実なのだ。お産も昔は家庭で生まれるのがふつうだったのが、現在では、衛生的な産院でのお産である。

トイレは水洗便所になって、きれい、きれいである。こんな条件では、大腸菌も定着しにくい新生児がいても不思議ではない。後で定着すればよいと、鷹揚に考えていられない条件がそろっている。

私は非常に心配である。というのは、体は生まれて出くわす細菌に反応して、免疫系の生物活性物質ができる。大腸菌は悪だとして、定着しないのがよいのか、問題に思うのである。

フローラの形成に狂いがあれば、進化の掟に外れるように思われるし、ここに錯誤が起きないか心配なのである。

石器時代の衛生はどうだったのか、歴史の本を開いてもなかなかはっきりしない。最近の新聞で見たのだが、インドでは、5億人がトイレを持たない生活をしているようだ。政府はトイレをつくるように計画がすすめられているようである。

排泄物は不浄と考えられがちであるが、腹の中にある物質であるのだから、一概に不浄といって、片づけられないのである。特に腸内細菌と人体は腸粘膜を介して相互に反応しあう生物である。

昔、肥桶で糞尿を運び、畑にまいて有機肥料に利用していた。お陰で回虫が住み着いてくることもあるのだった。が、糞便のフローラの研究をしていると、石器時代の衛生状況を忌み嫌うわけにはいかない。

進化とフローラの関係をもう一度考えると、カエルのような両生類の腸内には細菌の数が少ない。短い腸には細菌は落ち着けないようである。ある程度腸が大きくならないと、細菌は定着といえるほどの存在にならないようである。腸のふくらみがあってフローラの常在性が成り立つのだ。

嫌気性細菌が腸内に生息できて、その代謝産物が細胞増殖の刺激になり、消化管の形態の変化に影響し、さらに、消化生理機構、神経生理にも影響し、あるいは感染防御に役立ち、進化を推し進んできたように推測されるのだ。
マウスとラットは同じような動物であるが、大腸の大きさはかなり違う。そのため か、私の実験データでは、マウスはセルロース分解性嫌気性細菌がいないようであった。一方、ラットの大腸にはセルロース分解性の嫌気性細菌が住み着いている。盲腸内の代謝産物の分析の結果、明瞭である。

細菌は悪者扱いされがちだ。世の中、殺菌グッズがもてはやされ、商売になっている。だが、愚かしく思われる。友人が研究所にいてウイルスの研究にかかわっていた。彼は仕事が終わると、酒精綿で手や足の裏を消毒していた。それを見て、私は言ったことがある。「手足は細菌がいっぱいだよ、無意味だな、拭ききれないよ」と。

まして、腸の中にはどうしようもないほどの細菌が住み着いているのだ。皮膚の細菌を取り除くことはある程度できたとしても、腸の中はどうするのか。細菌の芽胞はクロロホルムに耐性であるように、アルコール消毒は万全ではないのである。頭の髪の毛にもたくさんの細菌がくっついている。体表に細菌は付着して、あるものは皮脂を餌にしているのである。

もちろんインフルエンザウイルスは手をよく洗うのは有効である。ウイルスは石けんに弱いことがわかっている。友人がアルコール消毒したのは、そのような理由だったのかもしれない。

人間はいいとしても、ウシやウサギの腸を消毒剤で無菌にしたらどうなると思うか。草を食べて生きる動物は細菌の助けで生きているのである。人間は学ぶべきだ。体中にくっつく細菌は守り神と思ってよいのである。

ただし、無菌マウスは有菌マウスより、はるかに長寿である。無菌状態で一生を送れるなら、それがよいが、現実的ではないのだ。まして、草食獣はどうしたらよいのか。

日本人は独特の清潔感を持っている。だが、動物の進化の原動力は腸内フローラの存在と構成の多様性に求められると考えている。

# 腐敗と発酵

ネンキという、あまり知られていないスイスの学者は、興味ある意見を述べていた。発酵学者パスツールがまだ元気だったころで、ネンキは腐敗の研究をしていた腐敗学者であった。彼はパスツールのフローラ絶賛に反抗する考えを示していた。

腐敗を生むような腸内のフローラが体に良いわけがないというのが、ネンキの主張であった。腐敗物質が臭いから、すぐに悪いというわけではない。彼はプトマインという仮想の腐敗物質をかかげて危険な物質の存在を主張したのだ。

しかし、今もって、腐敗は悪者だと断定するのが現状のようだ。プトマインという物質は近代化学では認められているわけではないが……。

とにかく、臭いのは腐敗だとは言えない。腐敗は主として、たんぱく質の構成成分のアミノ酸が脱アミノによってできるにおいの強い短鎖脂肪酸や、脱炭酸によってできるアミン類、さらにアンモニア、インドール、スカトールなど多種類に及ぶのである。

アミン類は腸粘膜にあるアミン酸化酵素で分解される。アミン類は生理活性を示して、体の機能に影響することもあり得るのである。まだまだ、研究は緒に就いたばかりなのだ。

ただし、どんな物質でも増えすぎると、問題になるのは当然である。ヒスタミンはヒスチジンから脱炭酸によってできるが、その生成は多すぎれば炎症を促進することがあり得る。オルニチンが脱炭酸によってできるプトレシンは細胞増殖を促進することがわかっている。そのために、学者によっては結腸がんの促進因子と考えられているのだ。前にも述べたが、アンモニアに、がん細胞は比較的に正常細胞より耐性であるので危険である。

ウシのルーメンは臭い物質が満タン状態である。ところがウシにとっては、それらの臭い物質が決して悪い物質ではないのは当然である。ウシのルーメンはウサギの盲腸のように、草を発酵している器官である。臭い成分は短鎖脂肪酸の酪酸、吉草酸、イソ吉草酸、イソ酪酸などによるものである。ウシは反芻する習慣も持っている。臭いものも含めて反芻するのだ。臭いものが体に不健康な物質だ、とけっして決めつけられないのだ。

# おわりに——腸のシンフォニーオーケストラ

腸内フローラはシンフォニーオーケストラである。

友人、知人とおしゃべりしているとき、話が途切れると、私はこっそり聞くことがある。

「えーと、ねえ、おなかのことですが、腸の中にたくさん細菌が住み着いていること、意識することがありますか？」

たいていは首を振って否定する。それがふつうだろうと思う。ときには知っているという。ビフィズス菌でしょうと、得意げに応えてくることもある。腸内はソロ演奏の世界ではないのだ。腸内フローラはシンフォニーオーケストラである。まして、善玉と悪玉の二重奏の世界でもない。

オーケストラはシンフォニーの演奏のよさが評価につながる。腸内細菌たちは楽員であり、それぞれの楽員を励まし、喝采を浴びる演奏が披露できるかどうかは、指揮者の腕の見せどころである。指揮者は私たちである。食事のとり方は指揮者次第なのである。

指揮者である私たちがどのような食事を摂取するかによって、素晴らしいシンフォニーが響き渡るのだ。しかしながら、食事のとり方を誤ると、生活習慣病に見舞われることもある。

素晴らしい演奏の一つは腹八分にある。バランスのとれた食事、エネルギー制限、発酵乳、乳酸菌飲料などのプロバイオティクスの摂取なども挙げられる。

現代医療技術の進歩によって寿命は延びている。望ましいのは、病気になる前に、長く健康に元気に生活することだ。そのとき、腸内フローラの改善が望まれる。それに報いるのは食事の内容である。そこに腸内フローラがかかわるからである。その構成細菌のそれぞれの振る舞い、演技により全体のネットワークの機能が病的になったり、あるいは健全になるのだ。そしてオーケストラの評価につながるのだ。

私は腸内細菌学者で、決して善玉悪玉論者ではない。テレビ局の取材でも、そういって断ったこともあるほどである。すべての腸内細菌たちに愛があり、私は差別主義を忌み嫌っている。

私は友人に向かって、だいぶ前に腸内フローラは卒業したと宣言したことがある。

絵を描いたり、小説を書いたりして、あほうなことをしてきた。が、歳取って、最後にひと言専門家として、言いたかったのである。

そんな折、結愛ちゃんのノートに胸を締め付けられた。さらに前のめりになった。

「……これまでどんだけあほみたいにあそんだか　あそぶってあほみたいだからやめるので　もうぜったいぜったいやらないからね　わかったね　ぜったいのぜったいおやくそく……」

結愛ちゃん、遊んで育ってきたのは救いだった。が、そのおさなごが遊びをやめてまで、いのちの輝きを追い求める必死さ、私も使命感をさらに募らせてきたのだった。情緒的に思われるだろうが……。

# 参考文献


森下芳行『腸内フローラの構造と機能』（朝倉書店、１９９０年）

森下芳行『腸内革命』（ごま書房、１９９６年）

森下芳行『ママのおなかエコロジー』（日本文学館、２００６年）

森下芳行（編著）『食品衛生学』（朝倉書店、１９９７年）

光岡知足（編著）『腸内細菌学』（朝倉書店、１９９０年）

Doelle HW, *Bacterial Metabolism*, (Academic Press, 1969)

Fuller R ed, *Probiotics*, (Chapman & Hall, 1992)

森下　芳行（もりした　よしゆき）

1940年　山口県萩市生まれ
1965年　東京農工大学獣医学科卒業
1970年　東京大学大学院農学系研究科博士課程修了　農学博士
　　　　国立予防衛生研究所（現国立感染症研究所）に入所
1980～1981年　イギリス・レディング大学の研究所に留学
2002年　室長で退職
腸内細菌情報オフィス主宰

【著書】
『腸内フローラの構造と機能』
『腸内革命』
『ママのおなかエコロジー』
『シゲ』（富士村曠、東京図書出版、2015年）
『ムカデを操る女』（富士村曠、東京図書出版、2018年）

正しい腸内フローラガイド

# ネコとウサギとヒトとフローラ

2018年11月21日　初版第 1 刷発行

著　者　森 下 芳 行

発行者　中 田 典 昭

発行所　東京図書出版

発売元　株式会社 リフレ出版

〒113-0021　東京都文京区本駒込 3-10-4

電話 (03)3823-9171　FAX 0120-41-8080

印　刷　株式会社 ブレイン



ISBN978-4-86641-187-3 C0045

Printed in Japan 2018

落丁・乱丁はお取替えいたします。

ご意見、ご感想をお寄せ下さい。

［宛先］〒113-0021　東京都文京区本駒込 3-10-4

東京図書出版